2천만 원으로
끝내는
캐나다 유학

캐나다 워홀로 시작해 학교 졸업 후 1년 만에 영주권을 취득하다!
유학 정보부터 실제 경험까지, 캐나다 유학의 모든 것!

2천만 원으로 끝내는 캐나다 유학

그래이스 리 지음

harmonybook

프롤로그

월 70만 원 알바로 3천만 원 모으기

유독 추웠던 어느 해 겨울 나는 대학 입시에 실패한 채로 새로운 해를 맞이했다. 한국사회에서 대학 입시에 실패했다는 것은 이미 인생에서 실패한 거나 다름없었다. 얼떨결에 붙은 대학이 '목표로 했던 대학이 아니다'라는 치기 어린 이유와 '비싼 등록금만큼의 교육을 받지 못하고 있다'라는 혼자만의 타당한 이유로 부모님과 상의도 없이 다니던 대학을 그만두고 오직 자존심 하나로 다시 준비했던 입시였다. 모든 수험생들이 그렇듯이 원하는 학교에 입학하여 캠퍼스 생활을 하고, 졸업 후 진로 계획까지 모든 게 이미 짜여 있었고 그 길을 제외한 다른 길은 없었다.

그렇게 나는 지도를 보며 앞으로만 걸어가고 있었다. 아무 문제없이 쭉 그 길로 걷기만 하면 될 줄 알았는데 갑자기 내 앞에 길이 사라져 오도 가도 못하는 상황에 놓여 버린 것이었다.

무엇을 어떻게 해야 할지 몰랐다. 각종 서빙 알바의 경험을 살려 우선 돈이나 벌며 생각하기로 하고 아르바이트 사이트를 검색하다 우연히 내 전공과 관련된 알바를 찾았고 바로 면접을 보러 갔다. 그 일은, 비교적 큰 규모인 유치원+학원에서 아이들에게 피아노를 가르치는 일이었다. 근무시간은 12시 반부터 6시며, 가끔 주말에 유치원 행사를 도와야 했고 일주일에 두 번은 유치원 음악수업을 위해 일찍 출근해야 했다. 이에 대한 월급은 70만 원. 학원 업계에서 일하게 될 줄은 꿈에도 몰랐던 나는 그 당시 학원강사의 평균 월급은 알지 못한 채 단순히 최저시급보다 조금 높다는 이유로 그 일을 시작하게 되었다. 음대를 입학은 했으나 졸업은 못 했으므로(안 한 거라 생각하면 마음이 좀 더 편하겠지만) 그럭저럭 만족한 채로 일을 시작했다.

그 이후 5년이나 피아노 선생님으로 일하게 될 줄 그때는 상상도 못 했다. 학원 강사 일이 어땠는지에 대한 설명은 이 책의 취지와 맞지 않으므로 생략한다. 그냥 '순수한 아이들과 함께하는 일이 좋았다' 치자. 무튼 나는 월급으로 70만 원을 받았는데 바로 월 70만 원의 적금에 가입했다. 그러면 생활비는 어떻게 하냐고? 당시 나는 아직 어린 나이였으므로, 부모님께 교통비와 핸드폰비를 요구했다 아니 요청했다. 대학생인 내 친구들이 생활비를 받아 쓰는데 나는 학비가 들어가지 않으니 생활비라도 똑같이 달라는 말도 안 되는 논리를 들먹이며 참으로 뻔뻔하게….

6개월이 지나자 월급은 75만 원으로 올랐으며, 더 이상 생활 패턴이 비슷하지 않은 친구들과 어울리는 일이 별로 없어 주로 학원과 집만 오가는 생활을 했다. 그 당시 따로 실용음악 학원을 다니며 학원비를 지출하는 것을 제외하고는 크게 돈 쓰는 거 없이 살았다. 또다시 6개월이 지나고 월급은 80만 원이 되었고, 1년짜리 적금은 만기가 되었다. 이자를 제외한 원금을 예금으로 묶어두고 새로운 1년짜리 적금을 들었다. 이자가 높은 제2금융권을 이용했으며, 세금우대 혜택을 받았다. 일 년에 두 번 명절에 10만 원 정도의 떡값을 받았고 설날에는 세뱃돈도 받았는데 이렇게 생기는 보너스는 만기 된 적금의 이자와 함께 이자가 높은 데다 하루만 돈을 넣어놔도 이자가 붙는 CMA 계좌에 넣어놨다. 1년짜리 적금이 만기 되었을 때, 당연히 함께 만기 된 예금과 CMA 계좌에 틈틈이 넣어놨던 꽁돈(?)을 합쳐 다시 1년짜리 예금으로 묶어 두고, 또 다시 1년짜리 적금에 가입했다.

이렇게 하라고 누가 알려준 적은 없었지만 그냥 어릴 때부터 엄마를 보며 나도 모르게 학습되지 않았나 싶다. 나중에 '4개의 통장'이라는 경제서적이 유행하여 읽어보고 깜짝 놀랐다. 나는 이미 4개의 통장을 가지고 있었기 때문이다. 월급이 들어오고 생활비를 쓰는 체크카드 통장, 1년짜리 적금, 1년짜리 예금, 그리고 CMA 통장. 4번째 통장이 있어야 하는 이유는 혹시 갑자기 목돈을 쓰게 될 일이 생기면 적금이나 예금을 해약하지 않고 돈을 쓰기 위해 필요하며 이 돈으로 일본 여행을 가고 노트북과 DSLR 카메라를 샀다. 이 때는 카카오 뱅크가 생기기 전이라 지금은 카카오 뱅크의 '세이프 박스'를 이와 같은 이유로 이용하고 있다.

이후 학원을 두 번 옮기고 경력에 따라 직책이 높아져 월급이 120만 원까지 올랐으며 이에 따른 적금 액수와 만기 금액은 자연스럽게 커져갔다. 일하는 시간은 12시 반부터 6시로 하루에 6시간도 채 되지 않았기 때문에 지금 생각해보면 투잡을 뛰지 않고 덜 부지런하게 산 게 조금 후회가 된다. 하지만 이때 나는 '이자는 이자를 낳고 빚은 빚을 낳는다'는 것을 온몸으로 깨달았다. 캐나다에 살 땐 이자는커녕 계좌 유지비를 내지 않기 위해 매일 잔액을 확인해야 했지만 말이다.

또 다른 나만의 돈 모으는 비법은 '계획표'였다. 애초에 용돈기입장이나 가계부 같은 건 쓰지 않았다. 과소비를 하지 않는 내가 돈을 썼을 땐 그만한 이유가 있을 것이고 얼마를 썼든 그 돈은 다시 돌아오지 않을 것이기 때문이었는데, 그 대신 나는 과거가 아닌 미래를 생각했다. 올해 말에 내 통장에 얼마 정도 모여있을지가 너무 궁금했기 때문이다. 매달 받는 월급, 명절 떡값, 명절 용돈, 한 달 생활비 등…. 월 별로 얼마 정도 들어오고, 또 얼마 정도 모았을지를 미리 계획했다. 목표가 확실했기에 막연하게 모으는 것보다 더 동기부여가 되었다.

물론 월급이 더 높았다면 더 짧은 시간에, 더 쉽게 목돈을 만들 수 있었을 것이다. 하지만 아르바이트만으로 목돈을 모으는 것은 결코 쉽지 않았다. 정신 차려보면 10-20만 원은 너무나 허무하게 사라졌고, 이는 전체 액수에서 꽤 높은 비율이었다. 그렇다고 돈을 아끼겠다며 아등바등 산 것도 아니었는데 그 당시 내 상황과 성격이 돈을 모으기에 최적의 조건이었던 것 같다. 주로 집에만 있었고 술, 담배는 하지 않았으며 '집에 가는 길엔 절대 아무것도 사 먹지 않는다'와 같은 나만의 작은 규칙이 있었다.

결국 무엇을 해야 할지 모르겠는 상태를 지나 '무언가 하고 싶은데 돈이 필요하다'라는 상태가 되었을 때, 너무나 다행히도 나는 그 준비가 되어 있었다.

차례

2장. 왜 캐나다인가?

3장. 좌충우돌 컬리지 적응기

4장. 캐나다 유학, 그것이 궁금하다

1장.

워킹홀리데이보다 더 큰 기회는 없다

인생을 바꿀 결정을 하다

5년째 같은 삶을 살고 있었다. 5년 동안 조금의 발전도, 조금의 다른 점도 없었고 더 이상 이렇게 살 수는 없다고 결심했다. 뭐라도 해야만 했다. 더 이상 버틸 수가 없었다.

어릴 때부터 막연하게 외국에서 사는 꿈을 꾸었다. 아무도 내가 왜 그렇게 생각하게 되었는지는 모르지만 내가 기억도 나지 않는 어린 시절의 나는 커서 미국 남자와 결혼할 거라고 했다고 한다. 애기 때는 Disney 만화영화를 보며 그 그림 자체가 미국인 줄 알았고, 중학교 때는 미국 가수에 빠져 있었고, 결국 고등학교 때는 뉴욕에서 사는 날만을 꿈에 그렸다. 한 번도 가보지 않았지만 뉴욕 지도를 머릿속에 외우고 있을 정도였다.

외국에서 살 수만 있다면 뭐라도 할 수 있을 것 같았지만, 그런 기회는 쉽게 오지 않았다. 사실 몇 개월 어학연수라고 하더라도, 외국을 나간다는 게 쉽게 결정할 수 있는 일은 아니었는데 특히 나는 겁이 많은 성격이라 혼자서 외국을 나간다는 게 너무 무섭고 두려웠다. 두 번의 해외 배낭여행으로 나름의 훈련을 마친 나는 결국 캐나다와 독일 워홀을 결심했다. 그 당시 캐나다는 일 년에 두 차례, 2천 명에게 선착순으로 인비테이션을 발부했고, 독일은 신청만 하면 아무나 갈 수 있었기에 '캐나다 안 되면 독일 가지 뭐' 하는 안일한 생각도 있었다.(결국 독일은 나중에도 못 갔다.) 캐나다 워킹홀리데이를 위해 선착순 신청 사이트가 열린 그 순간, 접속량 폭발로 인해 사이트가 다운되었고 내 컴퓨터엔 아무 화면도 뜨지 않았는데 혹시나 하는 마음에 옆에 켜 놓았던 노트북에 거짓말처럼 화면이 떴다. 어릴 때부터 해외 문화에 심취해 있었던 터라 영어 타자가 매우 빨랐는데 그래서인지 몰라도 개인정보를 입력하고 꽤 쉽게 2천 명 안에 들 수 있었다.

막상 인비테이션을 받고, 필요한 몇 가지 서류를 준비하는 동안 다시 또 고민이 되었다. 내가 지구 반대편으로 가서 집을 찾고 일을 구하고 친구도 사귀며 살 수 있을까? 캐나다 워홀을 다녀오면 난 뭘 해야 하지? 그냥 한국에서 다른 걸 도전해 볼까? 등등… 나의 고민과 걱정은 오히려 캐나다 워홀 승인 레터를 받은 이후에 더 심해졌다. 하루에도 몇 번씩 갈 것인가 말 것인가를 고민했다.

그때 나에게 단호하게 가라고 말해준 사람이 두 분이 계신데, 한 분은 1년 정도 함께 일했던 동료 선생님이었고 다른 한 분은 엄마였다. 1년 동안 같이 일했던 그 선생님은 굉장히 짧은 시간에 내 성격을 바로 파악하셨고, 나에게 조언을 잘해주셔서 내가 멘토로 생각하고 지냈던 분이다. 그분은 굉장히 단호하게, '지금 아니면 평생 못 갈 수도 있으니, 갈 수 있는 나이와 상황일 때 가라'라고 말씀해 주셨다. 마치 답이 없는 질문들을 끊임없이 받는 것 같은 인생에서 누군가 답을 알려주고 '이대로만 하면 다 괜찮을 거야'라고 말해주는 것만 같았다.(최근에 이야기를 나눠보니 정작 본인은 이런 말을 한 기억을 못 하신다.)

캐나다행 결정을 도와주셨던 다른 한분인 엄마는, 고민 중인 나에게 '너 어릴 때부터 외국 나가고 싶어 했잖아. 가. 무조건 가.'라고 말해줬고 엄마 덕에 20년 넘게 간절하게 바랐던 일인데 막상 그 순간에 망설이고 있다는 거 자체가 시간 낭비라는 것을 깨닫게 되었다.

캐나다 워홀 1년 다녀오면 나이만 한 살 더 먹어 있을 텐데, 다녀오면 뭐 해… 다녀와서 뭐 해… 라고 생각했던 주변인들도 많았다. 예를 들어 내가 일했던 학원의 원장 선생님은 마치 제까짓 게 캐나다에 가서 뭐를 할 수 있겠냐는 식으로 나의 캐나다행을 걱정(?) 해 주셨다. 하지만 내가 이미 결정을 한 이상 이런 이야기들은 마치 내 귀를 통과하지 못하고 귀 근처까지 왔다가 튕겨져 나가는 것처럼 나에게 아무런 영향을 주지 못했다.

원래 나의 계획은 6개월 토론토, 6개월 밴쿠버, 6개월 북미 지역 여행 후 한국으로 돌아오는 것이었으므로 그에 맞게 짐을 챙기고 준비했다.

4월의 어느 날, 예쁘게 핀 벚꽃 길을 걸으며 친구들에게 '잘 다녀오겠다' 외쳤던 나는, 토론토는 아직 눈 폭풍이 몰아치는 추운 겨울이란 걸 꿈에도 상상하지 못한 채 얇은 야상 자켓 하나만 걸치고 캐나다 토론토로 떠났다.

첫날부터 바쁘게

캐나다에 도착한 바로 다음 날은 비가 추적추적 내리고 공기가 꽤 찼다. 긴 비행시간과 시차 적응으로 인해 피곤하긴 했지만 드디어 캐나다에 왔다는 설렘 때문에 숙소를 나가지 않을 수가 없었다.

토론토 미드타운 지역인 St.Clair 역 근처에 위치한 Service Canada(정부기관)에 가서 SIN(Social Insurance Number)부터 발급받았다. 이 사회 보장 번호가 있어야지만 합법적으로 일을 할 수가 있다. 하루라도 빨리 일을 구하고 돈을 벌어야 한다는 생각에 첫날부터 마음이 꽤 급했다.

토론토에 지점이 가장 많다는 TD 은행에 가서 계좌를 개설하는데, 엄청 예쁜 금발 언니의 파란 눈동자를 바라보고 있으니 가뜩이나 시차 때문에 멍한지라 최면에 빠지는 것 같은 기분이 들었다. 그 은행원 언니가 이것저것 설명해 줄 때는 분명 다 알아들었던 것 같은데 막상 계좌를 만들고 은행을 나설 땐 뭐가 뭔지 하나도 모르겠는 기분이 들었다. 캐나다 은행은 매달 계좌 유지비를 내야 하는데 다행히 처음 계좌를 개설하고 6개월은 유지비가 면제되며, 미국 달러도 넣어 놓을 수가 있다고 해서 흔쾌히 모두 입금했다. 완전히 내

기억 속에서 잊힌 이 미국 달러 계좌 때문에 1년 후, 땅을 치며 후회하게 되었지만….

다음으로 폰을 개통하러 갔다. 흔히 쓰는 통신사는 아니지만 가장 저렴하다는 통신사 매장으로 가 제일 싼 요금제를 물어봤다. 요금도 저렴하고 SIM 카드(유심)도 공짜라고 했지만 내가 가지고 있던 아이폰4는 쓸 수 없다고 해서 어쩔 수 없이 한국 돈으로 11만 원인 가장 저렴한 폰을 하나 사서 개통 완료!

요금은 한 달에 25$ + tax인데 3달 요금을 한꺼번에 내면 할인을 해준다길래 아까 은행에서 만든 카드로 3개월치를 한꺼번에 결제하고 나왔다. 직원 아저씨가 인도 분이셔서 알아듣기가 너무 힘들었는데 나처럼 폰을 개통하러 온 호주 남자가 계속 "What?" 하는 걸 보니 '나만 못 알아듣는 게 아니구나'란 생각이 들었고 맘이 편해졌다.

태국 음식 체인점에 들어가서 간단하게 점심을 먹었는데 볶음밥 양이 엄청 많았다. '도대체 이걸 누가 다 먹을 수 있지?'라고 생각했는데 그로부터 3년쯤 지나 그 볶음밥은 나의 최애 메뉴 중 하나가 되었고, 그 '누구'는 내가 되었다. 지하철 Yonge노선과 Bloor노선이 만나는 환승역인 Yonge and Bloor 역에 갔다. 환승역이라고 다른 이름이 있는 게 아니라 그냥 노선 이름을 따서 지은 거 보고 참 단순하다 생각했는데, 나중에 알고 보니 노선 이름은 곧 그 노선이 다니는 길의 이름이었다. 그곳에는 토론토에서 가장 큰 도서관이 있었다. 이후 토론토 옆 동네 출신 가수인 The weeknd가 뮤직비디오를 찍은 곳이다. 쓸 일이 있을지는 모르겠지만 일단 1년 동안 유효한 도서관 카드를 만들었다. 대충 도서관을 둘러보는데 영어로 되어있는 음악 관련 책들과 악보를 보니 외국에 있다는 사실이 다시 또 실감이 났다. 책을 한 권 골라 자리에 앉았지만 졸음을 참을 수가 없어 엎드려 잠만 자느라 결국 그 책은 읽지 못했다. 한국이 새벽 3-4시쯤인 오후 4-5시만 되면 정신을 차릴 수가 없이 졸렸다.

숙소에 돌아와 저녁을 먹고, 마트에 장을 보러 갔다. 그렇게 낯선 곳에서의 첫날을 바쁘게 잘 보냈다.

바텐딩 수업

나는 캐나다에 와서 어학원을 다니지 않았는데, 그 이유는 너무나도 간단했다. 우선 워홀 비자를 유학원과 진행한 게 아니라 혼자 했기 때문에 어학원을 등록하는 거 자체를 생각을 못 했고, 두 번째 이유이자 더 큰 이유는 어학원을 다닐 돈이 없었다. 지금도 마찬가지겠지만 어학원 학비는 평균 한 달에 100만 원 정도인데, 부모님의 경제적 지원 없이 혼자 힘으로 캐나다에 가는 나 같은 가난한 워홀러들에겐 상상도 못 할 금액이었다.

그리고 무엇보다도 어학원을 다니지 않고 몸으로 부딪혀 가며 영어를 배우겠다는 생각이 강하게 있었다. 어릴 때부터 북미 문화에 심취해 있던 터라 영어에 있어서만큼은 언제나 근거 없는 자신감이 있었기 때문에 가능한 결정이었다.

그 대신, 어학원 학비보다 훨씬 저렴한 금액으로 더 도움이 되고 재밌는 걸 배우기로 결정했다. 그리하여 찾은 것이 바로 바텐딩 수업. 캐나다에 도착한 그 주, 금요일에 인터넷으로 찾아본 후 월요일 아침에 찾아갔다.

9시 30분에 수업이 시작함을 확인하고 고작 몇 분 전에 도착했는데, 학원 문이 잠겨 있었다. 운영을 안 하는 건가 싶어 주변을 두리번거렸지만 아무것도, 아무도 없었다. 그냥 가기엔 아쉬운 마음이 들어 근처 스타벅스에서 아이스 모카를 마시다가 혹시나 싶은 마음이 들어 전화를 해보니 어떤 남자가 'Hello' 하며 전화를 받았다.

얼른 학원으로 달려가 일주일 수강료로 약 30만 원 정도를 결제하고 바로 수업에 들어갔다. 나 같은 생짜(?) 외국인은 없어서 속으로 무척이나 당황했는데, 내가 어색해하는 걸 선생님이 알았는지 자기 친구의 부인이 제주도 출신이라며 말을 걸어 주었다. 그리고 있었던 자기소개 시간에도 내가 피아노 선생님이었다고 하자 좋아하는 뮤지션이 누구냐고 물었고, 내가 베토벤과 Kings of Leon을 이야기하자 격하게 공감해주었다.

바텐딩 수업은 월요일부터 목요일까지, 아침 9시 반부터 오후 4시까지 진행되었고, 마지막 날엔 수료증을 받기 위한 테스트가 있었다. 바텐딩 학원은 화요일부터 일요일까지 Spirit House라는 이름의 술집으로 바뀌는 곳이었다.

첫날엔 술에 대해 배우고 보드카, 진, 럼 각각 3잔씩 시음을 한 후에 간단한 칵테일을 만들었다.(Gin and tonic, Tom collins, Cosmopolitan, Dry martini, Caesar) 둘째 날엔 테킬라, 위스키, 코냑을 각각 3잔씩 시음하고(아침 11시에…) 각자 점심시간을 가진 후 칵테일 만드는 법을 배웠다.(Dark N' stormy, Mojito, Margarita, Manhattan, Whiskey sour) 셋째 날엔 맥주 6잔과 와인 4잔을 시음하고 역시나 칵테일 만드는 법을 배웠다.(Kamikaze, Sidecar) 마지막 날인 넷째 날엔 바텐딩 일을 찾는 법과 선생님의 간단한 이력서 노하우(하나도 기억나지 않는다), 그리고 시험이 있었다. 시험은 선생님이 무작위로 정해주는 칵테일 3잔을 5분 안에 만드는 것 두 번과, 객관식 40문제였는데 다행히 칵테일 만들기 시험은 통과했지만 종이 시험에서 떨어져 다른 날 학원에 가서 다시 시험을 봐야 했다.

결국 수료증을 받았고, 생각과 달리 바텐딩 일을 구하는 건 쉽지 않아 결국은 술집에서 손님에게 칵테일을 만들어 줄 일은 없었지만 정말 재밌고 유익한 시간이었다. 나 같은 외국인은 아무도 없었고, 선생님의 영어는 생각보다 알아듣기 어려웠다. 게다가 아는 사람 한 명도 없는 낯선 곳에 있는 거 자체를 몹시도 두려워하는 성격이라 처음엔 너무 힘들었지만 시간이 지나고 적응을 하게 되면서 점점 마음이 편해졌다. 덕분에 본래의 내 성격이 나오면서 다른 학생들을 웃기기도 하고, 칵테일을 만들 땐 큰 음악 소리에 나도 모르게 리듬을 타기도 했다. 그 모습을 본 선생님이 'Grace 취했다!' 하자 또 다들 웃었는데 어느새 이렇게 편한 마음으로 잘 적응한 나 자신이 참 대견하고 뿌듯했다.

Samantha 언니

캐나다에 오자마자 가장 걱정했던 문제이자 가장 중요하게 해야 할 일은 바로 '일 구하기'와 '친구 사귀기'였다. 어학원을 다니지 않은 나로서는 아무래도 친구 사귀기가 쉽지 않았는데, 캐나다에 도착해 이것저것 일을 보며 첫 주를 보내고 바텐딩 수업을 들으며 둘째 주를 보내고 나니 슬슬 조바심이 나고 걱정이 되기 시작했다. 사람들을 많이 만나고 어울려야 하루라도 빨리 이곳 생활에 적응할 수 있을 텐데 어디에 가서 어떻게 만나야 하는지 생각만 많아질 때 즈음, 워홀 비자를 신청할 때 도움을 많이 받았던 네이버 카페에서 신기한 글을 읽었다.

한국에서 선생님으로 일했었고, 캐나다에 워홀로 온 지 3-4주 정도 되었으며, 나처럼 바텐딩 수업을 들었단다. 뭔가 공통점이 많은 것 같고 좋은 친구가 될 수 있을 것 같아 처음으로 모르는 사람에게 쪽지를 보내봤다. 그리고 며칠 후, 그 사람에게서 답장이 왔는데 본인도 신기하다며 번호를 교환하자고 했다.

그렇게 대화를 시작하게 된 Samantha언니는 나보다 한 살이 많았고, '사람이 저렇게까지 독립적이고 적극적일 수 있을까' 하는 생각이 들 만큼 멋진 사람이었다.

캐나다에 온 지 정확히 열흘이 되던 날, 유명하다는 피자집에서 언니를 처음으로 만났다. 언니는 네이버에 쪽지 기능이 있는 줄도 몰랐는데 우연히 버튼을 잘못 눌러 내 쪽지를 봤다면서, 서로 공통점이 많은 것뿐만 아니라 연락이 닿은 것도 신기해했다. 그리고는 내게 말을 편하게 하라고 했는데, 나는 나보다 어린 사람들한테도 쉽게 말을 놓지 못하는 성격인데도 불구하고 이상하게 언니에겐 바로 말을 놓을 수 있었다. 분명 처음 만났는데 오래전부터 알고 지냈던 것만 같은 느낌이 자꾸 들어서 이상했다. 언니가 캐나다는 팀 홀튼의 '아이스캡'이란 메뉴가 유명하다며 먹으러 가자고 해서 함께 갔다. 그 이후에도 언니는 각종 모임, 이벤트, 우연히 알게 된 일본 여자애의 생일파티 등…. 다양한 자리에 나를 계속 불러주었고, 나는 언니 덕에 어렵지 않게 다양한 사람들을 만날 수 있었다.

물론 무료 영어수업에 갔다가 다른 친구들도 사귀게 되면서 언니와 상관없는 좋은 만남들도 있었지만 캐나다 생활의 첫 단추를 잘 꿰준 사람은 분명 Sam 언니다. 언니는 외국 경험도 있었고 나보다 영어도 잘했으므로 현지 문화나 영어 같은 부분에도 조언을 많이 해주었고, 각종 밋업이나 카우치서핑 같은 게 있다는 사실도 알려주었다. 언니를 따라다니며 배운 것들, 만난 사람들 모두 이후 캐나다 생활을 하는데 큰 도움이 되었고, 언니가 진심으로 해주는 칭찬은 자신감이 없었던 내게 큰 힘이 되었다.

타지에서 혼자 지내면서 낯선 사람들과 만나고, 모르는 문화를 배우고, 이상한 일도 겪으면서 너무나 쉽게 우울해지고 외로워지는데 정말 우연히 언니 같은 사람을 만나게 되어 지금 다시 생각해 봐도 너무 다행이다. 이후에 내가 한국으로 돌아갔을 때 다시 만나 가깝게 지냈다. 현재 언니는 나의 팬클럽 회장으로 활발하게(?) 활동 중이다.

너무 힘들었던 한식당

캐나다에서 일을 구한다는 것은 생각보다 쉽지 않았다. 토론토에 온 지 거의 한 달이 되었다. 그 한 달 동안 나름대로 열심히 노력했지만 생각만큼의 성과는 없었다. 현지 카페에 인터뷰를 보러 갔는데 1년짜리 비자를 가지고 있다고 하니까 미안하지만 자기네는 영주권자 이상만 뽑는다고 하는 게 아닌가. 뭔가 억울한 생각이 들었지만 어쩔 수 없었다. 이후 현지 카페에서 만난 거의 모든 매니저들이 비슷하게 답변을 했다. 나름 준비한 데로 영어로 인터뷰를 잘했다고 생각했는데 그들 눈에는 내가 너무 아무것도 모르는 외국인임이 보였나 보다.

바텐딩 학원 근처, 이태리 타운 지역에 위치한 A.C.C.E.S라는 기관을 찾아갔다. 이곳에서 무료로 직업 상담과 이력서 교정을 받을 수 있었고, 근처 팀홀튼에 가서 면접을 볼 수 있는 기회도 주었다. 하지만 아쉽게도 그 이상의 도움은 없었다.

바텐딩 수업 중에 중국인 여자애 두 명과 함께 점심을 먹은 적이 있는데 같이 갔던 스시집의 서버가 한국인이었다. 이런 일은 어디서 구하는 거냐고 묻자 다음에 '캐스모'라는 카페를 알려주었다. 토론토에 사는 한국인이라면 반드시 알아야 하는 이 사이트는 구인구직과 생활정보, 중고거래, 집 렌트는 물론 각종 여행정보, 생활정보 등을 교류하는 곳으로 이후 토론토에서 사는데 아주 큰 도움이 되었다.

그곳에서 구인 글을 보고 한국인이 운영하는 스시집에 면접을 보러 갔다. 어학원을 다니지 않았고 온 지 한 달 정도 됐다고 하자 대뜸 '그럼 영어를 별로 못 하겠네, 우리는 손님이 거의 90프로 이상이 외국인이라서 영어 못하면 힘들어요'라고 하더니 '영어 좀 더 배우고 다음에 다시 와요'라고 말하며 내가 보는 앞에서 내 이력서를 반으로 접는게 아닌가. '알겠다' 하고 나오긴 했지만 한참을 속으로 욕했다. '내가 장담하는데 내가 너보다 영어 잘한다'라고 되뇌면서….

그 이후 면접을 보러 간 곳은 건물 하나를 통째로 쓰고 있는 굉장히 큰 한식당이었는데, 지하철 역에 내려서 그 건물과 간판을 보자마자 신기하게도 '아, 나는 이곳에서 일하게 되겠구나'라는 강한 느낌이 들었다. 간단하게 면접을 보다가 사장님이 김치가 뭔지 영어로 설명해 보라고 했는데 영어로 '발효'가 생각이 나지 않아 횡설수설했지만 그래도 사장님이 좋게 봐주셨고, 다음 주부터 트레이닝을 하기로 했다. 기쁜 마음에 엄마에게 연락했더니 엄마가 대뜸 주방에서 접시 닦는 거 아니냐며 걱정을 해서 웃었다.

한국에서 워낙 이것저것 서빙 알바를 많이 해봐서 당연히 잘할 수 있을 거라 생각했는데 내가 생각해도 '이렇게 일을 못 할 수가 있나' 싶은 생각이 들 정도로 실수도 많이 하고 버벅거렸다. 현지 문화를 모르기에 더 심했던 것 같은데, 한 번은 손님이 진저에일을 달라고 한 적이 있었다. 그 식당은 음료수를 위한 컵과 맥주를 위한 컵이 달랐는데 진저에일이 뭔지 모르는 나로서는 어떤 컵을 줘야 하는지 알 수가 없었다. 에일이란 이름이 들어갔기에 맥주인가 싶어 동료에게 물어보니 그것도 모르냐는 투로 한숨을 쉬며 '음료수 컵이요'라고 알려주었다. 뭔가 억울해진 나는 그날 퇴근하고 바로 이 '진저에일'이란 걸 먹어봤는데, 이후 내가 가장 좋아하는 음료수가 되었다. 지금도 가끔 동료나 친구들에게 이 일화를 얘기하며 함께 웃곤 한다.

아무리 손님이 대부분 외국인이라 하더라도 한국인들과 일하는 거라 내가 캐나다에 있다는 사실이 실감이 안 날 때가 많았다. 한 번은 테이블을 닦다가 창문 밖에 백인 남자 두 명이 걸어가는 것을 보았는데 순간적으로 나도 모르게 '앗, 외국인이다'라고 생각이 들었고, 문득 내가 지금 캐나다에 있다는 사실을 깨달은 적도 있었다. 영어를 아주 잘하는 게 아니기 때문에 한국인들과 일하는 게 더 나을 수도 있다고 생각했지만 한국인들의 텃세는 상상 이상이었고 그 때문에 스트레스를 많이 받았다. 스시 셰프가 따로 있어 한식뿐만이 아니라 초밥도 있었는데 그 때문에 메뉴의 종류도 엄청 많았고 각 메뉴에 따른 그 식당만의 규칙도 너무 많았다. 무엇보다도 일주일에 2-3일밖에 시프트가 없어 한 달치 방세와 생활비를 충당하는데 무리가 있었다. 결국 두 달 만에 다른 곳에 풀타임 일을 구해 그만두게 되었다.

라면과 누룽지

캐나다에 온 지 딱 한 달이 되었을 때 '키지지'라는 현지 사이트에서 룸렌트 광고를 보고 방을 보러 갔다. 갔더니 집주인이 방값을 받지 않을 테니 전체 관리를 하며 매니저 역할을 해 달라고 했고 순진했던 나는 그 말을 그대로 믿었다. 하지만 그 집주인은 이내 이상하게 굴기 시작했는데 본인이 이혼남임을 어필하며, 내가 임시로 머물고 있는 곳까지 굳이 찾아와 커피를 마시자 했고, 내가 어떤 사람인지 알아야겠다며 맥주를 마시자고 해 Samantha 언니를 데리고 나간 적도 있었다. 내가 친구를 데리고 간다고 했더니 본인도 친구를 데리고 나왔다. 언니와 함께 이상한 낌새를 눈치채고 중간에 '가야 한다'며 나왔는데 결국 다음날 나에게 방을 렌트해 줄 수 없다는 연락을 받았다. 너무 어이가 없고 약이 올라 눈물이 한없이 흘렀다. 지금 생각해 보면 캐나다 생활 초반에 참 많이도 울었다. 그래도 방은 구해야 했기에 다시 방을 보러 갔다. 이번엔 이태리 타운 남쪽에 위치한 3층짜리 주택이었는데 방을 보러 갔더니 아장아장 걷는 아기를 데리고 나온 주인 부부의 인상이 좋아 보였다. 이 집주인이 부인과 아이를 데리고 나오지 않았다면 그전 경험 때문에 겁을 먹었을지도 모른다. 자기네는 같이 살지 않지만 이 집에는 여자들만 산다는 말에 더욱 믿음이 갔고, 내 방 창문에서 CN 타워가 보이는 게 맘에 들어 한 달 방값 600불에 계약을 했다.

막상 들어가서 살아보니 주방은 언제나 어수선하고 지저분했고, 나에게 익숙한 조리도구도 없었으며 무엇보다도 다른 룸메이트 애들이 신경 쓰였다. 그 집에는 나를 포함 8명이 살고 있었는데, 흑인 캐네디언 한 명과 금발 아일랜드 여자애 한 명을 제외하고 모두 금발의 백인 캐네디언 애들이었다. 나는 혹시라도 내가 주방에서 냄새나는 음식을 요리하면 그 친구들과 더 멀어지게 될까 봐 신경이 쓰여 거의 매일 누룽지만 끓여 먹었다. 주로 누룽지에 김, 가끔은 특별식으로 라면을 끓여 먹었는데 이도 냄새가 강한지라 여간 눈치 보이는 게 아니었다.

한 번은 라면을 끓여서 식탁에서 먹고 있었는데, 아일랜드 여자애가 지나가면서 '너 지금 냄비 채로 먹고 있는 거야?'라고 한마디를 던졌다. 그 말을 듣기 전까지 나는 내가 음식을 냄비채로 먹고 있다는 사실을 인지조차 하지 못 하고 있었다. 솔직히 말해 라면을 끓여서 그릇에 담아 먹는 한국인이 어디 있겠는가. 이 말을 들은 나는 괜히 더욱 눈치가 보이기 시작했다.

무튼 집에서 거의 요리다운 요리를 하지 않은 탓에 캐나다

온 지 두 달이 되었을 땐 5킬로가 빠져있었다. 물론 주말엔 집 마당에서 파티도 하고, 가끔씩 마주치면 수다도 떨었지만 그들과 나 사이에는 분명 커다란 벽이 있었다. 지금 같으면 쉽게 친하게 지낼 수 있을 것 같은데 그때 당시 나는 내가 생각해도 언제나 어색했다. 한국에선 항상 거실에서 가족들과 시간을 보냈는데 이곳에선 항상 내 방에서 혼자 있으니 더 적응이 힘들었다. 처음으로 외롭고 한국에 돌아가고 싶다는 생각이 들었지만 좀 더 참고 지내보기로 했다. 그렇게 누룽지와 라면만 먹으며 세 달을 살다가 생각보다 일을 늦게 구하는 바람에 방값이 모자라 보증금으로 한 달 치 방값을 메꾸고 이사를 했다.

세 달 만에 빈털터리가 되다

우선 캐나다에 처음 올 때 한국 돈으로 300만 원을 들고 왔다. 세 달치 생활비였다. 막연하게 캐나다 와서 두 달 정도 지나면 일을 하게 될 거라고 생각했지만 현실은 내 예상대로 쉽게 흘러가지 않았다. 지금이라면 세 달치 생활비로 두 배는 들고 와야 할 것이다.

첫 달에 바텐딩 수업비를 내고, 핸드폰을 개통하면서 세 달치를 한꺼번에 납부하고, 친구들을 새롭게 사귀게 되면서 밥값과 술값으로 꽤 지출이 있었다. 두 번째 달에는 방을 구하면서 첫 달 방값인 600불과 마지막 달 방값으로 쓰이게 될 보증금 600불까지 총 1200불을 지출했고, 혼자 살기에 필요한 간단한 식기도구들과 청소용품을 구입하고 보니 잔고가 많이 줄어있었다.

캐나다에 온 지 한 달이 지났을 때 한식당에서 일을 하게 되었지만 그마저도 일주일에 2-3번 밖에 일을 주지 않아 생활비를 충당하기엔 쉽지 않았다. 하루에 점심과 저녁을 나누어서 일하기 때문에 2-3번이라고 해봤자 일주일에 15시간 정도였다. 그 당시 최저시급이 11불이었는데 Tip이 있는 서빙 일은 대략 9불 정도였다.

흔히 팁 잡(Tip Job)이라 불리는 이런 일을 할 땐 손님이 내고 가는 Tip이 굉장히 중요한데, 주방과 일정 비율로 나누고 같이 일한 다른 동료들과 나누고 나면 실제로 내가 받는 돈은 얼마 되지 않았다. 더군다나 이 한식당에는 특별한 규칙이 있었는데, 그곳에 일한 지 오래된 사람들이 팁을 더 가져가는 거였다. 그 당시 사장님께 설명을 들을 때는 당연히 일을 더 잘하고, 경험이 많은 사람이 더 가져가는 게 맞는 것 같아 보였는데 지나고 나니 말도 안 되는 계산법이었다.

우선 일한 지 오래된 직원들은 새로 일하게 된 직원들보다 시급을 더 챙겨주는 게 맞다. 고용주가 본인 돈을 더 지출하기 싫으니 그 차등을 팁에서 나누는 것인데 같은 시간에 똑같이 일을 했다면 팁은 똑같이 나누는 게 맞다.

계산기를 두드려보니 이렇게 일하면 한 달에 고작 600불 정도 벌 수 있었는데, 이는 한 달 방값이었다. 그러면 교통비와 유흥비는 어떻게 충당한단 말인가! 결국 캐나다 온 지 두 달이 지났을 때, 베이커리에서 일주일에 40시간이 고정된 캐셔 일자리를 구했다. 팁이 없는 직업이었으므로 최저시급은 11불이었고 일주일에 40시간을 일하니까 일주일에 $440이었다. 물론 여기서 세금을 제외하고 남은 금액을 2주에 한 번씩 받게 되었다.

캐나다에서 정확히 세 달이라는 시간을 보내고 나자 다음 달 방 값을 낼 돈이 없었다. 결국 집주인에게 이사를 나갈 테니 보증금에서 방 값을 해결해 달라고 하고 급하게 다른 방을 구했다. 요즘엔 별로 없는 '거실 쉐어'를 하게 되었다. 일본인 친구와 거실을 나눠 쓰면서 한 달에 400불. '한 달에 20만 원 차이 때문에 이렇게 불편하게 살아야 하나' 하는 생각이 들었지만 다행히 일본인 친구가 조용하고 깨끗하며, 참 착한 친구였다. 이후에 일을 하나 더 구해서 집에 있는 시간이 거의 없었기에 큰 불편함 없이 워킹 홀리데이 비자가 끝날 때까지 잘 살 수 있었다.

캐나다에 온 지 정확히 세 달 만에 빈털터리가 되었지만 다행히 주 40시간 일을 구했으므로 이제 돈 모을 일만 남았다고 생각하며, 더욱 돈을 모으겠다는 의지를 불태웠다. 실제로 1년 후, 워킹 홀리데이 비자가 끝났을 때 천만 원이 조금 넘는 돈이 들어 있었다.

진짜 시작된 워홀 생활

막연하게 두 달쯤 지나면 일을 구할 수 있을 거라고 생각했는데 현실은 그렇게 쉽게 내 뜻대로 흘러가지 않았다. 첫 달은 바텐딩 수업도 듣고, 이력서도 고치고, 친구들을 사귀며 바쁘게 보내고 둘째 달엔 한식당에서 아르바이트를 시작했지만 일주일에 2-3번 일하는 것으로는 생활비를 충당할 수가 없어 계속 풀타임(Full Time, 주 40시간) 일을 구했다. 한국인 커뮤니티인 다음 '캐스모' 카페에서 현지 베이커리 직원을 뽑는다는 글을 보고 연락을 했더니 그곳에서 일하고 있다는 한국인이 매니저를 연결시켜 주었고, 그렇게 면접을 보게 되었다.

그전에 현지 카페들을 갔을 때 모두 잘 안 됐었기 때문에 이번에도 큰 기대는 하지 않기로 했다. 그래도 그전에 한국인들이 꽤 일했었고 현재도 두 명이 일 하고 있다는 게 그나마 다행이었다. 아프리카 출신인 매니저와 간단하게 인터뷰를 하고 '연락 주겠다'라는 대답을 듣고 나오는 길에 조금 실망했다. '연락 주겠다'라고 해놓고 연락이 한 번도 오지 않았기 때문에 그 말이 진짜로 무슨 의미인지 잘 알고 있었다. 그런데 의외로 1시간 만에 바로 전화가 왔다. 다음 주 월요일

새벽 5시까지 필요한 서류를 가지고 출근하라고 했다. 너무 기뻐 친하게 지내고 있는 필리핀계 캐네디언 친구에게 연락을 하니 진심으로 축하해 주었다.

나중에 알고 보니 매니저는 한국인을 뽑겠다는 생각이 있었고, 매니저와 인터뷰를 한 다른 한국인들이 많았었다고 한다. 이미 일을 하고 있던 한국인들끼리 '누가 뽑힐까' 얘기를 했는데 내가 이렇게 바로, 쉽게 뽑힐 줄 몰랐다며 축하와 환영을 해주었다. 하필이면 첫 출근 전날, 친구들과 놀이동산에 가서 롤러코스터를 타며 미친 듯이 소리를 지른 탓에 목이 잔뜩 쉰 상태였는데 트레이닝을 해 준 나와 이름이 같은 언니가 친절하게 잘 가르쳐주어 앞으로 이곳에서 일하는 게 굉장히 기대되고 설렜다.

내가 일했던 베이커리는 지금은 없어졌지만, Union 역 안에 있는 Take-out 전문 빵집으로 주로 하는 일은 빵을 예쁘게 진열하고, 주문에 맞게 베이글을 만들고, 계산을 하는 것이었다. 처음엔 빵 이름만 외우다가 끝이 났는데, 9가지나 되는 베이글을 주문에 맞게 토스트 하고, 버터나 크림치즈를 바르는 일은 생각보다 쉽지 않았다. 아침엔 출근을 하는 직장인들 때문에 긴 줄이 만들어지고 머릿속엔 그들의 주문이 엉켜 정신줄을 놓게 되었는데, '내가 이렇게 멍청했나' 하는 생각밖에 들지 않았다.

그 이후로 종종 실수를 할 때마다 나와 함께 일했던 한국인들은 본인들도 처음에 다 그랬다며 너무 걱정하지 말라고 말해주었고, 항상 뜨거운 오븐과 날카로운 칼을 조심하라고 일러주었다. 함께 일하는 다른 직원들도 '너는 아직 일을 시작한 지 얼마 안 됐잖아. 실수하는 게 당연한 거야'라고 위로해주었다. 한식당에서는 일을 시작한 첫날부터 '넌 이것도 모르냐, 저것도 모르냐'며 구박만 잔뜩 들었고, 그 때문에 더 위축이 되어 일을 빨리 배울 수가 없었는데 이곳에선 일할 맛이 났다. 중간에 쉬는 시간엔 먹고 싶은 빵 한 가지를 맘대로 만들어 먹을 수 있어 재료를 잔뜩 넣어 베이글을 만들어 먹기도 하고, 한국인 언니가 한국인 아르바이트생들 대대로 전해 내려오는 특별한 레시피로 직접 만들어준 빵을 먹기도 했다.

Union 역은 지하철역과 기차역이 모두 있어 서울역 같기도 하고, 근처에 회사들이 많아 여의도 같기도 하고, 또 주변에 야구, 농구, 하키 경기장이 있어 잠실역 같기도 했다. 그래서 아침엔 직장인들, 오후엔 여행자들, 그리고 게임이 있는 저녁엔 게임을 보러 온 사람들로 언제나 북적였다. 한 번은 나이 드신 할아버지가 "너 불어 할 줄 아니?"라고 물어봐서 당연하게 못한다고 했는데 왜 불어를 못하냐고 따져서 충격을 받은 적도 있었다. 나중에 알고 보니 우리가 학교에서 영어를 배우듯이 이곳 학생들은 캐나다의 또 다른 공용어인 불어를 배우는데 그 할아버지는 내가 캐나다에서 자랐는 줄 알았던 것이다. 그렇다 해도 왜 불어를 못하냐는 질문은 굉장히 무례하다. 지금이라면 '왜냐면 난 여기서 학교 안 나왔거든요. 할아버지는 한국어 할 줄 아세요?'라고 물어봤을 텐데….

가끔 이렇게 무례한 손님들이 있었다. 어떤 한국인 아르바이트생에게 오븐 발음이 틀렸다며 다시 말해보라고 하는 손님도 있었다는 이야기를 듣고, '역시 어디에나 미친놈들과 진상들은 있구나' 하는 생각이 들었다.

처음 일을 시작하고 두 달쯤 지났을 때 다른 직원이 그만두었는데 매니저를 계속 졸라 8시부터 4시까지 일 하는 최고의 시프트를 받았다. 새벽부터 출근하는 게 정말 죽을 맛이었는데 그게 해결이 된 것이다. 일도 점점 익숙해져 재밌게 일할 수 있었다.

카지노? 모델? 세컨드 잡의 정체는?

캐나다, 토론토에 온 지 다섯 달째이자 베이커리에서 일을 시작한 지 세 달째가 되었을 때, 친한 일본인 친구가 본인이 하는 일을 소개해 주었다. 소개가 아니고서는 찾기 힘든 일이었는데 그 친구도 어학원 같이 다니던 러시안 친구의 소개로 처음 이 일을 알게 되었다고 했다.

사실 나의 계획은 6개월 토론토, 6개월 밴쿠버였기 때문에 원래대로라면 슬슬 떠날 준비를 시작해야 했다. 그런데 아무리 생각해 봐도 밴쿠버로의 도시 이동은 무리인 것 같았다. 토론토에서 이미 친구들도 많이 사귀었고, 일도 구했는데 새로운 도시에 가서 모든 것을 새로 시작할 생각을 하니 앞이 깜깜했다. 무엇보다도 이미 사귄 친구들과 여기저기 놀러 다니는 게 무척이나 재밌었다. 캐나다에서 가장 큰 도시인 토론토에서의 6개월은 생각보다 짧은 시간이었다. 게다가 처음 세 달은 자리 잡느라 시간이 너무 빨리 지나가버렸다. 밴쿠버로 옮기지 않고 토론토에 계속 남았던 또 다른 이유는 비자 때문이었다. 1년짜리 비자라고 했는데도 일 구하기가 힘들었는데 6개월밖에 남지 않은 상황에서 누가 날 뽑아주겠는가.

무튼 친구의 강력 추천으로 이력서와 사진을 보냈고, 면접을 보러 갔다. 회사는 지하철 마지막 역에서 버스를 타고 더 들어가야 하는, 토론토에서 서쪽 지역인 미시사가에 위치해 있어 좀 멀었지만 일이 매우 흥미로워 보였다. 이후에 영주권을 신청하기 위해 캐나다에서 했던 모든 일을 적는 서류란에는 Model/Presenter라고 적었지만, 사실 이 일은 정확히 말하면 '온라인 카지노 딜러'였다. 간단히 인터뷰를 하고 나자 자리를 옮겨 연습용 테이블에서 카드를 섞고 정해진 몇 마디를 연습할 시간을 주었다. 카메라를 통해 화면에 보이는 내 모습이 그렇게 어색하고 이상할 수가 없어 '잘 안되더라도 상심하지 말자'라고 생각하고 연습했다.

결국 트레이닝을 몇 번 더 하고 9월부터 일하게 되었다. 시급은 1시간에 15불이었는데 30분만 카메라 앞에서 카드를 섞고, 게임을 진행하면 되었고 나머지 30분은 휴게실에서 쉬거나 잘 수 있었다.

나중에 알고 보니 회사에서는 정해진 이미지의 여자들만 뽑았다. 절반은 러시아와 우크라이나 백인 미녀들이었고 나머지 반은 화장 진한 동남아계 캐네디언들이었다. 그밖에는 일본인인 내 친구와 한국인인 나뿐이었는데 '그런 일은 대체 어떻게 구한 거야'라고 물을 때마다 '예뻐서….'라고 농담을 했지만 사실 아주 틀린 말도 아니었다. 그 당시에 나는 검은색의 꽤 긴 머리를 가지고 있었는데 처음 워홀 비자로 캐나다에 올 때 '다들 노란 머리니까 오히려 새까만 머리가 매력 있을 거야'라고 생각하며 집에서 검은색으로 염색했던 게 실제로 반응이 좋았다. 외모에 대한 규칙은 여러 가지가 있었는데, 회사에서 주는 검은색 원피스를 입어야 했고 머리는 꼭 한쪽으로 모두 넘겨야 했으며 아주 큰 은색 귀걸이와 목걸이를 착용해야 했다. 액세서리와 구두는 영수증을 제출하면 회사에서 비용의 절반을 지원해 주었다.

지금은 없어진 그 회사는 온라인 카지노를 직접 운영하는 회사가 아닌 온라인 카지노 회사에 영상만 제공하는, 프로덕션 같은 곳이었기에 불법도 아니었고 흔히들 생각하는 '이상한' 곳도 아니었다. 우리는 배커랫, 블랙잭, 룰렛 세 가지 게임이 있었는데 화면에 잘 잡히기 위해 크기가 큰 카드를 사용했고, 간단한 규칙과 카드 섞는 법을 연습하면 바로 일을 시작할 수 있었다. 게임은 컴퓨터로 진행되기 때문에 규칙을 잘 몰라도 상관이 없었고, 화면에 보이는 대사를 읽기만 하면 되었다.

회사는 일 년에 쉬는 날 없이 24시간 계속 돌아가기 때문에 시프트도 3교대로 나뉘었는데 베이커리 일이 월요일부터 금요일까지여서 주말 이틀과 평일 하루정도 일을 하다가 점점 시간을 늘렸다. 한 시간 내내 서서 일하고 11불을 받는 베이커리보다 30분 서서 일하고 15불을 받는 카지노 일이 훨씬 쉬었기 때문이다. 또한 휴일에 쉬는 베이커리와 달리 휴일에도 일을 할 수 있는 이곳은 휴일엔 1.5배의 시급을 받을 수 있었다.

일을 하다 보니 점점 돈독이 올라 아침 8시부터 오후 4시까지 베이커리에서 일하고, 집에 돌아가 쉬다가 카지노에서 11시부터 7시까지 밤을 새워서 일하고 다음 날 기차를 타고 Union 역까지 가서 바로 베이커리 일을 시작한 적도 있었다. 워홀 비자가 끝나기 3개월 전에 베이커리 일을 그만두고 이곳에서만 주 40시간을 일하기 전까지 약 4개월을 하루도 쉬지 않고 두 군데서 일하며 독하게 살았다. 지금 그렇게 일하라고 하면 당연히 절대 못 할 것이다. 그때는 젊었고, 그 시간은 다시 돌아오지 않을 거란 걸 알았기 때문에 버텼던 것 같다.

일은 미친 듯이, 파티는 더 미친 듯이

앞서 말했듯이 정말 미친 듯이 일했다. 워홀 비자가 끝나고 난 후에 북미 지역을 여행할 예정이라 여행비가 필요하기도 했지만 그 당시 내 인생은 한 치 앞을 알 수가 없는 상황이었다. 한국에서 혹시 모를 미래를 위해 돈을 모았듯이 이곳에서 돈을 벌 수 있는 비자가 있을 때 최대한 벌어놔야 한다고 생각했다. 팁이 아주 잘 나오는 식당이나 술집에서 일하면 돈을 많이 벌기도 하지만 팁이 전혀 없는 일을 하면서 만불 이상 모은 경우는 정말 드문데, 내가 바로 그 드문 케이스가 되었다. 처음 캐나다에 와서 3개월은 제대로 일을 하지 않았으니 총 9개월 만에, 많이 벌 수 있기로 유명한 호주도 아닌 캐나다에서 천만 원을 모은 것이다. 그리고 이때 모아둔 돈 덕에 이후 컬리지에 가서도 계좌 잔액이 간당간당하는 불안한 상황은 겪지 않아도 되었다.

나는 사실 한국에서 흔히들 말하는 일명 '집순이'였는데, 기존에 알던 친구들과는 생활이 달라 점점 멀어졌고 새로 사람을 사귀기도 쉽지 않고 무엇보다도 뭘 하든 재미가 없었다. 오로지 출퇴근만을 위하여 버스를 타고, 가끔 부모님과 외식하는 걸 제외하고는 주로 집에만 있었다. 날씨가 아주 좋았던 어느 봄, 주말에 나갈 채비를 하던 엄마가 거실에 누워서 TV를 보는 나를 향해 "넌 약속도 없냐?"라고 물을 정도였다. 내가 뭘 하던, 심지어 입학한 대학교를 그만두고 입시를 다시 할 때도 나에게 아무것도 묻지 않았던 엄마였다. 나의 낙은 그저 미드와 TV에서 해주는 각종 해외 리얼리티 프로그램을 보는 거, 그게 다였다.

그런 내가 캐나다에 와서는 마치 다른 사람이 된 것 마냥 다르게 살았다. 두 군데서 일을 하면서도 각종 친구들 모임, 파티, 토론토 축제를 빠질 수가 없었다. 1년이라는 시간이 정해져 있었기 때문이었는데, 이후 줄곧 토론토에서 살 거라고는 상상도 못 했다. 그저 하루하루가 의미 있었고 소중했다.

얼마나 파티를 찾아다녔냐 하면 나는 그들을 모르는데 나에 대해 아는 애들이 많았고, 내가 가능한 날짜로 맞추어 본인의 생일 파티를 열겠다고 하는 친구도 있었다. 길을 걷고 있었는데 친구로부터 연락이 와서 내가 모르는 그 친구의 친구가 나를 보고 알려줬다며 어디서 뭐 하냐는 연락도 받았다. 나는 파티나 사람들이 모인 자리에 가면 그 자리에서 가장 예쁜 여자이고 싶다는 생각은 전혀 없고, 그 자리에서 가장 웃기고 재밌는 사람이고 싶다는 생각만 가득하기 때문에 언제나 말을 많이 했고, 농담을 던지고 남들을 웃기며 희열을 느꼈고, 술도 잘 마셨으며, 흥이 오르면 춤도 잘 췄다.

이런 생활을 했으니 집에 붙어 있을 시간이 없었다. 언제나 집에 들어가자마자 씻고 바로 잤고, 일어나자마자 바로 씻고 나왔다. 늦잠을 잔적도 없었다. 오죽했으면 집주인 언니가 내가 없어진 줄 알고 내 옷장을 열어봤는데 다행히 내 이민 가방과 짐을 보고 연락을 하지 않았다고 했을 정도였다.

"내가 이렇게 까지 외향적인, 사교적인 사람이었다니!" 캐나다에서의 1년뿐만이 아니라 인생 전체를 이렇게 열심히, 바쁘게 살 수 있다면 얼마나 좋을까 생각했다.

토론토에서 알차게 놀기

01 봉사활동

행사에 공짜로 참여하거나 친구를 사귈 수 있는 좋은 방법 중에 하나이다. 토론토에서 진행하는 축제 사이트에 들어가면 봉사활동을 신청할 수 있게 되어 있는데 주로 봉사활동 확인증을 다 발급해 준다. 나는 The Color Run이라고 하는 마라톤 행사에 봉사활동을 했는데 정해진 구역에서 마라톤 참가자들에게 색 가루를 뿌리는 일이었다. 참가비를 내지 않고, 마라톤을 뛰지 않아도 행사를 즐길 수 있어 매우 좋았다. 나와 내 친구들은 주황색 구역에 배치되어 하나의 큰 당근이 되어 집으로 돌아갔다.

02 토론토 각종 축제

- St.Patrick's Day

아일랜드 전통 축제인데 성 패트릭을 기념하기 위한 시작되었다고 한다. 그의 기일인 3월 17일에 이루어진다. 초록색으로 치장을 하고 초록색 맥주를 마시며 축제를 즐긴다.

- 게이축제(Pride)

성 소수자들을 위한 축제지만 너 나 할 것 없이 다들 나와서 축제를 즐긴다. 축제 마지막 날에 Yonge 길에서 진행되는 퍼레이드는 축제의 꽃! 캐나다는 동성 결혼이 합법이며 그에 맞는 사회 분위기를 가지고 있다.

- 차이니즈 나잇 마켓(Chinese Night Market)

여름에 주말에 걸쳐 2-3일 동안 진행되는 이벤트로 주로 중국 마트 근처나 공터에서 진행된다. 다양한 식당들이 참여하여 저렴한 가격에 다양한 먹거리를 즐길 수가 있는데, 중국과 대만 음식뿐만 아니라 일본, 한국음식 등도 있다.

- CNE(Canadian National Exhibition)

매년 8월 중순에 열리는 축제. 다양한 게임들과 놀이기구, 음식을 즐길 수 있으며 Exhibition Place라는 곳에서 18일 동안 열린다. 월요일부터 목요일까지 5시 이후에 가면 저렴한 가격으로 즐길 수 있다. 놀이기구를 탈 때는 따로 티켓을 사야 한다.

- TIFF(Toronto International Film Festival)

매년 9월에 약 열흘간 열리는 국제 영화제. 많은 할리우드 배우들을 볼 수 있는 절호의 기회이며 규모가 큰 행사이다 보니 자원봉사자도 많이 뽑는다.

- Nuit blanche

토론토 곳곳에 설치된 미술 작품들을 밤새도록 볼 수 있는 이벤트로 단 하룻밤만 진행된다. 굉장히 많은 사람들이 밤늦게까지 돌아다니므로 전혀 위험하지 않다. 인터넷에 검색하면 프랑스 파리에서 진행되는 행사가 나오므로 꼭 뒤에 토론토를 붙여서 검색할 것.

- Zombie Walk

주로 가을, 주말에 하루 동안 진행되는 이벤트. 좀비나 귀신 분장을 한 사람들이 정해진 장소와 시간에 모인 후에 함께 정해진 길을 걸어가는 축제다.

- 핼러윈 파티(Halloween)

10월 31일에 무서운 분장을 하고 돌아다니는 축제로서 귀신을 쫓아내려는 켈트족의 풍습에서 유래했다. 아이들이 분장을 한 후 집집마다 다니면서 “Trick or treat”라고 말하고 사탕을 얻는 일은 캐나다 온타리오주에서 처음 시작되었다.

- 산타 퍼레이드(Santa Parade)

토론토 다운타운을 지나는 크리스마스 기념 퍼레이드. 11월 셋째 주 일요일에 열린다.

- Summerlicious & Winterlicious

각각 여름과 겨울에 약 20일 동안 진행되는 이벤트로 토론토 내에 있는 약 200개의 식당들이 참여한다. 참여 식당은 정해진 저렴한 가격으로 3개의 메뉴가 포함된 점심 또는 저녁 메뉴를 제공하는데 이때 세금과 팁은 불포함이다. 평소에는 가격이 부담스러워 가기 망설여졌던 식당들을 갈 수 있는 좋은 기회다.

- 크리스마스 마켓

많은 도시들, 특히 유럽에서 매년 열리는 이 마켓은 토론토에서는 11월 중순부터 12월 23일까지 The Distillery 지구에서 열린다. 다양한 크리스마스 관련 상품들과 음식을 즐길 수 있으며 평일에는 공짜지만 주말에는 약간의 입장료가 있다.

03 토론토에서 갈 만한 곳

- 나이아가라 폭포

두 말하여 무엇하겠는가.

토론토 시내에서 차로 1시간 반 정도 걸리며, 미국과의 국경에 있다. 차가 없다면 근처 위치한 카지노에서 운영하는 버스를 이용하는 방법이 제일 저렴하다.

- 킹스턴 & 천섬

토론토에서 동쪽으로 2시간 40분 정도 떨어진 도시로 주로 오타와를 가기 전에 들리는 지역이다.

이곳에 있는 천섬(Thousand Island)은 사우전 아일랜드 드레싱이 시작된 유명한 관광지 중에 하나로, 유람선을 타면 비싸지 않은 가격으로 1시간 정도 섬 지역을 둘러볼 수 있다.

- 토버모리

토론토에서 차로 약 4시간 정도 떨어져 있는 작은 마을로 물이 정말 맑다. 배를 타고 들어갈 수 있는 Flowerpot Island가 유명하다.

- 알곤퀸(Algonquin Park)

토론토에서 북쪽으로 3시간 정도 떨어져 있는 곳에 위치한 숲, 호수, 강이 있는 거대한 규모의 주립 공원. 가을 단풍이 특히 유명하다.

- Guelph

차로 1시간이면 갈 수 있는 작은 마을. 이곳이 유명한 이유는 바로 Guelph Lake Conservation Area 때문인데 인터넷 사이트에서 미리 결제를 하면 캠핑을 즐길 수 있다. 잔디밭 바로 앞에 모래사장과 Guelph Lake 가 있고 그 너머로 산이 보이는 경치는 일품이다.

- Buffalo

나이아가라 폭포에서 국경을 넘어 조금만 더 가면 뉴욕주의 도시중 하나인 버팔로에 갈 수 있다. 흔히 쇼핑을 하러 당일치기로 많이 간다.

04 그 외

- Pancake and Booze

내가 가장 좋아하는 이벤트 중 하나인데 세계 각국의 도시들에서 열리며 토론토도 그중 하나이다. 행사장에 들어가면 지역 예술가들의 다양한 작품을 DJ의 음악을 듣고, 맥주를 마시며 즐길 수 있다. 입장한 모든 사람들에게 무료로 즉석에서 만든 팬케이크를 나눠준다.

- AGO / ROM

토론토에 위치한 온타리오 주 미술관(Art Gallery of Ontario) 은 줄여서 AGO라고 불리며 매주 수요일 오후 6시 이후에 무료입장을 할 수 있다. 온타리오 주 박물관인 Royal Ontario Museum 도 줄여서 롬(Rom)이라고 불리는데, 매월 셋째 주 화요일에 4시 반부터 무료 입장을 할 수 있다.

- 원더랜드

토론토에 있는 놀이동산. 디즈니랜드 같은 아기자기함이나 캐릭터들은 없지만 다양한 종류의 롤러코스터가 있어 스릴을 즐기는 사람들에겐 딱. 핼러윈 시즌에 가면 왜 인지는 모르겠으나 영국식 영어를 쓰는 귀신들을 만날 수 있다.

- 시청 앞 / 하버프런트

겨울 시즌이 되면 토론토 시청 앞 광장인 Nathan Phillips Square와 하버프런트(Harbourfront)에서 무료로 스케이트를 탈 수 있다. 단 개인 스케이트가 없다면 적은 금액으로 대여할 수 있다.

- 스포츠 경기

토론토에는 야구, 농구, 아이스하키, 축구팀이 있다. 중요한 경기가 있는 날엔 토론토 전체가 들썩이며 사람들끼리 관련 이야기도 자주 나누는 편이므로 관심을 가져두면 함께 응원을 하며 사람들과 어울릴 수 있다.

- 콘서트

많은 뮤지션들이 미국에서 투어(Tour)를 진행할 때 토론토와 밴쿠버는 투어 도시에 거의 대부분 포함되는 편이다. 나의 첫 공연은 한국에서 더 유명한 레이첼 야마가타(Rachael Yamagata)의 소공연이었고 이후 Kings of Leon, Years and Years, One Republic, Charlie Puth, Drake 등 많은 콘서트를 갔다.

2장.

왜 캐나다인가?

한 달간의 여행과 캐나다 국경

2015년 4월 2일.

1년간의 워킹 홀리데이(Working Holiday) 비자가 끝이 났다. 일하던 곳에 일할 수 있는 비자가 만료되어 일을 그만 두어야 한다고 했더니 쉽게 시프트를 정리해 주었고, 비자의 마지막 날인 2일에 마지막 출근을 했다.

지난 1년이 주마등처럼 스쳐 지나갔다. 심각한 집순이였던 내가 언제 또 캐나다에 있을지 모른다며 하루하루 매시간들을 알차게 보냈고, 대학 입시에 실패한 후 새로 사귄 친구도 없고 심지어 오래된 친구들과도 멀어졌던 내가 세계 각국에서 온 사람들과 친구가 되고, 심지어 토론토 내의 어학연수생들과 유학생들 모임에서 나름 유명해져 Party Animal 이란 별명까지 얻었다. 만약 다시 돌아갈 수 있는 기회가 주어진다면 절대 돌아가지 않을 거라고 생각했다. 만약 누군가 내게 다시 이때처럼 열심히 살라고 요구한다면 얼마나 줄 수 있는지 물어보고 꽤 고민해야 할 것 같다.(그런데 요즘은 이때가 그립기도 하다.)

워홀 비자가 끝나기 전에 관광비자를 신청했다. 기본적으로 6개월짜리 비자였지만 잔고가 충분해서 그런지 8개월이 나왔고, 이 비자는 원칙적으로 캐나다 밖을 나가면 끝이라는 걸 그때는 몰랐다. 어리석게도 비자 만료 날짜인 8개월 후까지 자유롭게 캐나다 입출국이 가능한 줄 알았다. 1년 동안 열심히 일하며 돈을 벌었고, 비자를 신청하기 위해 돈도 냈으니 당연한 거라고 생각하고 한국으로 돌아가는 비행기표 없이 한 달 동안의 북미 여행을 떠났다.

캐나다에서 밴쿠버로 간 후, 빅토리아에서 페리를 타고 미국의 시애틀로 들어갔다. 배에서 내리자 시애틀엔 이미 어둠이 깊게 깔려 있었다. 지도를 보며 숙소를 찾아 체크인을 하고 허기가 져 숙소 바로 옆에 있던 서브웨이에 가서 샌드위치를 사 먹었는데 캐나다에선 쓰지 않는 1센트 동전들을 잔돈으로 주어 꽤 당황했다. 이 감격적인 미국에서의 첫 식사는 아직도 내 머릿속에 깊게 박혀 있다. 어릴 적부터 막연하게 미국이란 나라를 동경했고 한때는 머릿속으로 뉴욕 지도를 그릴 수 있을 만큼 나에게 미국은 그저 '언젠가 한번 여행하고 싶은 곳'이 아니라 내 인생의 목표 그 자체였다. '어떻게 하면 미국에서 살 수 있을까'를 진지하게 고민한 적도 있었다.

이후 포틀랜드, 워싱턴 DC, 필라델피아를 거쳐 뉴욕까지 여행했다. 한국에 있을 때 '미국이나 캐나다나 북미니까 그게 그거겠지'라고 생각했던 나 자신이 너무도 부끄러워 참을 수가 없을 만큼 미국은 캐나다와 달랐다.

시애틀에 도착한 그날 밤, 미국은 캐나다와 공기마저 다름을 피부로 느꼈지만 그런 이유 없는 느낌적인 다름이 아니라 실제로 문화, 언어, 사회 분위기, 사람들 등 모든 게 완전히 달랐다.

그 당시 나는 '이제 뭐 하지'라는 생각에 밤잠을 설칠 지경이었는데, 솔직하게 들여다본 내 마음속은 '첫째, 이곳에서 더 살고 싶다. 둘째, 미국이라면 좋겠지만 그건 방법이 없다. 셋째, 지금 당장 뭔가를 결정하고 싶지 않다.'였다. 나름 내 인생에서 중요한 결정을 한지 고작 1년이 지난 후였다. 그리고 그 1년은 내 인생에 어쩌면 다시없을 열정 가득한 시간이었다. 그래서 나는 당장 아무것도 결정할 수가 없었다. 이런 저런 생각으로 머릿속이 복잡했던 한 달간의 북미 여행 후, 내가 내린 결론은 '일단 모아놓은 돈과 비자가 있으니 토론토에서 더 지내며 생각해 보자'였다.

그런데 일이 터졌다. 뉴욕에서 토론토로 돌아오던 버스길에 캐나다 국경에서 잡힌 것이다. 나는 내가 종이로 가지고 있는 관광비자가 8개월 후까지 유효한 줄 알았고, 한국 가는 비행기표가 없다는 것이 문제가 될 줄 몰랐으며, 또 오랫동안 동경했던 미국이란 나라를 마침내 보게 되어 제정신이 아닌 상태였다. 내게 '왜 한국으로 가는 비행기표가 없느냐',

'한 달 방값으로 얼마를 내느냐' 같은 질문에 솔직하게 모두 대답했음에도 불구하고 나를 심사하던 이민관이 한 말은 '나는 네가 캐나다를 떠날 거라는 걸 믿을 수가 없다'였다. 다시 한 번 말하지만 그때 나는 꿈에 그리던 미국을 본 후 제정신이 아니었기에 굉장히 기분 나빠하며 "나 캐나다에 그렇게 살고 싶은 마음 없는데?"라고 말했다.

기다리라는 말을 남긴 채 이민관은 자리에서 일어나 어디로 가버렸고 그제야 주위를 둘러보니 나를 제외한 모든 버스 승객들이 이미 버스에 탑승한 상태였다. 그제야 나는 사태가 심각함을 인지했다. 나는 어느 나라 사람인가. 세계적으로 여권 파워 3위 안에 드는 자랑스러운 대한민국의 국민이 아니던가. 그 이민관은 나에게 작은 사무실 같은 곳으로 들어가라고 했다. 그곳에는 굉장히 자유분방한(마약 한 것 같은) 백인 여자가 남자 친구와 함께 의자에 앉아 울고 있었다. 그 모습을 보자 내가 어떤 상황에 놓인 건지 실감이 났다. 나는 다른 이민관을 만났고 거의 같은 질문들을 받았지만 그 전과는 전혀 다른 상냥한 태도로 대답했다. 그러자 이민관이 '너 이제 더 이상 캐나다에서 일 못하는 거 알지?'라고 물었고 그제야 나는 내가 워홀 비자를 가지고 일을 했다는 기록이 오히려 더 그들의 의심을 샀음을 알게 되었다. '나 일 너무 많이 해서 이제 진짜 일하고 싶지 않아. 번 돈으로 여행 다니고 한국 갈 거야!'라고 대답했더니 여권을 돌려주었고 나는 무사히 토론토행 버스에 오를 수 있었다.

이 일로 인해 나는 '미국보다 별로네'라고 생각했던 캐나다에 사실은 몹시도 더 살고 싶음을 깨달았다. 안 하는 게 아니라 못 하는 거면 더 하고 싶어지듯, 나를 캐나다란 나라에 못 들어오게 하자 더 들어가고 싶은 마음이 생겼다. 그리고 결국 '어떻게 하면 캐나다에서 더 있을 수 있을까'를 고민하게 되었다.

이곳에서 만난 나의 친구들

앞서 말했듯이 한국에 있었을 때 나는 집순이였고 그래서 친구들과 점점 더 멀어졌다. 친구들과 시간을 보내는 것보다 집에서 혼자 있는 게 더 좋았다. 하지만 나는 겉보기에 이런 내향적인 성향을 상상할 수도 없을 만큼 말하는 것을 좋아하고 남을 웃기기를 좋아한다. 사교적이고 활발한 나의 외향적인 성향은 캐나다에서 극대화되었다.

우선 동양인으로서 나와 상황이 비슷한 동양인 친구들을 만나는 게 가장 쉬웠다. 많은 일본인들이 나와 같은 워홀 비자로 캐나다에 와 있었고 이들과 대화할 땐 함께 영어를 배우는 입장인지라 문법, 단어, 발음에 있어서 부담이 없었다. 되려 한국인들끼리 영어로 대화할 때는 어색하기도 하고 왠지 모르게 불편한데 일본인들과 말을 하다 보면 완벽하지 않은 영어로도 마치 한국어처럼 떠들어 댈 수 있어 자연스레 스피킹 실력이 늘었다.

캐나다에는 부모가 캐나다로 이민 온 홍콩계 애들이 많이 있는데 이들은 '캐나다'라는 나라에 적응하는데 큰 도움이 되었다. 캐나다 생활, 문화를 잘 알려 주었고, 이들이 구사하는 영어는 상대적으로 알아듣기가 쉬웠으며, 같은 문화권을 배경으로 가지고 있어서 어울려 놀기가 편했다. 함께 한국, 일본, 중국, 베트남 같은 아시안 음식을 먹기도 하고 일본식 술집인 이자카야나 한국식 술집에 가서 사케나 소주를 마시며 놀기도 했다. 나의 홍콩계 캐나다인 친구들의 대부분은 많은 일본인, 한국인 유학생들을 많이 알고 있어 자연스레 큰 그룹이 형성되었고 많은 숫자의 사람만큼이나 많은 술자리와 파티가 만들어졌다. 나의 가장 친한 친구 중 한 명도 홍콩에서 온 이민자를 부모님으로 둔 캐나다인인데 영어나 캐나다 생활과 관련하여 모르는 게 있으면 언제나 부담 없이 물어봤다.

캐나다의 도시들 중 특히 토론토는 캐나다의 동쪽에 위치해 있어서 그런지 몰라도 유럽 사람들이 많은 편이다. 내가 캐나다와 미국을 모두 가보고 나서야 '같은 북미 국가지만 많이 다르구나'라는 것을 느낀 것처럼 다양한 국적의 유럽인들과 어울리고 나서야 각 나라마다 문화와 성향이 다름을 온몸으로 깨달았다. 게다가 유럽은 나라별로 거의 언어가 다르기 때문에 그 다름의 차이가 더 컸고, 각 나라마다 어쩔 수 없이 다른 국민성이 있었다. 워홀 시절 만난 Sam언니로부터 유럽에서 굉장히 유명한 문화교류 모임을 알게 되었고, 매주 모임에 참가하면서 많은 유럽인 친구들을 만났다. 덕분에 이후 컬리지 방학 2주 동안 처음으로 서유럽을 여행했을 때,

그들의 집에 머물며 여행경비를 많이 아낄 수 있었다.

유럽에서 온 친구들과 어울리면 좋은 점은 그들의 문화도 배우고 영어도 배울 수 있다는 것이다. 불어, 독일어, 스웨덴어를 모국어로 하는 친구들은 모두 영어를 잘했고, 이들도 이곳에서 나처럼 외국인 신분이었기 때문에 쉽게 서로의 친구가 되어 함께 어울릴 수 있었다.

밴쿠버와 토론토는 영어를 배우기 위한 도시로 손색이 없기 때문에 많은 남미 학생들이 어학연수를 온다. 이들은 워홀 비자가 없고, 컬리지 진학도 거의 하지 않기 때문에 캐나다에 잠시 머문다는 시간적 제약도 있었고 너무나도 다른 문화 차이 때문에 한국인 친구들 또는 동양인 친구들만큼 깊게 사귈 수는 없었지만 함께 어울려 놀기에는 최고의 친구들이었다. 이 친구들은 인생을 즐기는 법을 잘 알았고, 흥이 넘쳤고, 화끈했다. 술과 음악이 있는 곳에선 무조건 남미 친구들과 어울리고 싶다는 생각이 들 정도로 재밌었다. 이후에도 남미는 아니지만 같은 문화권인 캐리비안(카리브해)으로 휴가를 갈 때마다 그 매력에 흠뻑 취해 돌아오곤 했다.

집에서 하우스파티를 하면 동양인 친구들은 주로 자리에 앉아 이런저런 이야기를 나누며 시간을 보내는 반면, 남미 친구들은 음악을 틀어놓고 협소한 공간과 조명 아래에서도 춤을 춘다. '밝은 조명 아래 춤추는 곳도 아닌 집 거실에서 어떻게 춤을 출 수 있지'라고 생각하며 여러 차례 '나는 춤을 못 춘다'고 하며 자리에 앉아 있었다. '춤을 못 추는 남자는 있어도 춤을 못 추는 여자는 없다'며 내 손을 잡아 끈 멕시코 친구 때문에 어쩔 수 없이 자리에서 일어났다. 그와 손만 잡았을 뿐인데 '나 라는 인간도 춤을 출 수 있구나'라는 것을 처음으로 깨달았다.

이후, 토론토에서 가장 큰 축제인 프라이드(게이 축제) 길 한복판에서 남미 친구들의 박수소리에 흥이 폭발하여 춤을 추다가 지나가던 사람이 동영상을 찍어 가고, 한 번은 남미 친구가 진지하게 '네 몸속엔 남미의 피가 흐르는 것 같다'라고 말할 정도로 그들의 문화와 특성을 사랑하게 되었다.

우물 안 개구리가 우물을 벗어나 더 큰 세상으로 나가게 되면 너무나도 다양한 사람들을 만나고, 이 때문에 안 좋은 경험도 하고 상처도 받는다. 때로는 나 혼자 온전히 행복하고 마음 편했던 우물 안으로 돌아가고 싶어지기도 한다. 하지만 이곳에서 만난 나의 친구들은 내가 한국이라는, 아니 우리 집이라는 우물을 과감하게 떠나지 않았더라면 평생 이런 친구들을 만나고 행복한 추억을 만들지 못했을 거라는 사실을 언제나 깨닫게 해 주었다.

어디서 무엇을 하던 결국 사람이 제일 중요하다. 비록 수많은 좋은 친구들을 떠나보내야 했고, 가끔은 울기도 했지만 또 금세 새로운 좋은 친구들을 만났다. 그러면서 일종의 '만남의 광장' 같은 토론토라는 이 도시에 계속 있고 싶어졌다.

컬리지 진학을 결심하다

다시 여름. 토론토는 겨울이 매우 춥고 길기 때문에 여름인 7, 8월 두 달 동안 도시 여기저기서 크고 작은 축제들과 행사들이 열리고 공원이나 해변가(사실 바다가 아니고 호수지만 Beach라고 부른다.)는 이 시기를 즐기려는 사람들로 인해 발 디딜 틈이 없을 정도로 도시 전체가 겨울과는 전혀 다른 분위기가 된다.

토론토에서 두 번째로 맞는 그 해 여름이 더 소중하고 각별했던 이유는 무려 세 가지나 있었다. 첫째는 겨울을 경험하지 않고 맞이한 첫 번째 여름은 그 소중함을 몰랐기 때문에 친구가 '겨울을 보내 봐야 왜 이곳 사람들이 여름을 미친 듯이 즐기는지 알게 될 것이다'라는 말에도 아무 생각이 없었지만 실제로 독한 겨울을 보낸 뒤 맞이한 두 번째 여름은 마침내 찾아온 뜨거운 공기와 따사로운 햇살에 눈물이 날 정도로 반가웠기 때문이고, 두 번째 이유는 일을 하지 않고 있어 원하는 만큼 충분히 이 시간을 즐길 수 있었기 때문이며 마지막 이유는 토론토에서 보내는 그 여름이 마지막이 될 수도 있기 때문이었다.

1년의 워홀 비자를 끝내고 관광비자를 받은 지 거의 4개월이 되었지만 아직 아무런 결정을 내릴 수가 없었다. 이곳에서의 생활을 정리하고 한국에 잠깐 갔다가 또 다른 워홀 비자를 받고 독일로 가는 길과 이곳에서 컬리지에 진학하는 길 중에서 선택하고 걸어가야 했다. 시간은 자꾸 흐르는데 시간이 지난다고 해서 그 막연함과 답답함이 사라지는 것은 아니었다. 친구 추천으로 유학원에 가서 상담을 받았지만 유학원 직원은 마치 점쟁이처럼 '넌 이걸 해야 해', '넌 이렇게 될 거야'라고 말해주지 않았다.

캐나다에서는 초등학교를 마치면 Secondary School로 진학하게 되고 이는 우리의 중. 고등학교와 같다. Secondary School을 졸업하면 학생 선택에 따라 Post-secondary 과정인 College(2-3년) 나 University(4-5년)로 진학하면 되는데, 컬리지를 졸업할 경우 디플로마(College Diploma)를 받게 되고 유니버시티를 졸업하면 학사(Bechelor Degree)를 받는다는 점이 다르다. 일을 하기 위한 실용적인 기술을 배우는 곳이 College, 좀 더 공부하기 위한 학문적인 교육을 받는 곳이 University라고 생각하면 된다.

유학생의 입장에서 고려해야 할 점은 학업기간과 학비인데, 캐나다 시민권자와 영주권자를 제외한 외국 학생들에 대한 대학(유니버시티)의 학비는 컬리지의 두 배 정도이며 학업 기간 또한 두 배기 때문에 생활비를 고려한 총 유학 경비는 엄청나게 차이가 난다. 애초에 4년제 대학에 진학할 마음도, 경제적인 여유도 어쩌면 시간도 없었던 나는 컬리지에 가서 2년짜리 프로그램을 듣기로 결정했다.

이곳에 오기 전에는 엄청 대단한 사람들만 외국에 있는 대학에 갈 수 있는 것인 줄로만 알았다. 그리고 나는 그들처럼 대단한 사람이 될 자신이 없었다. 그런데 막상 캐나다에 와서 컬리지 진학을 준비하는 학생들과 실제로 컬리지에 다니고 있는 학생들을 만나보니 내가 상상했던 것처럼 엄청 힘든 것 같아 보이지는 않았다. 결정적으로 자신 있게 말할 수 있는 점은 그들이 나보다 영어를 엄청 더 잘하는 것 같지 않았다는 것이다. 무엇보다도 그 당시에 친하게 지내던 한국인 언니가 컬리지행을 적극 추천했는데, 그 언니가 옆에서 바람을 넣으며 격려와 응원을 해주지 않았다면 다른 결정을 했을지도 모르겠다. 나의 다른 계획이었던 독일 워홀 행은 독일어를 배울 자신이 없다는 것과 그 당시 나는 유럽 대륙을 가본 적이 없었기에 너무 무모하게 느껴졌다.

컬리지에 가겠다고 결정하자 나보다도 내 주변 친구들과 한국에 있는 가족들이 더 반겼는데 그제야 내가 긴 시간을 정처 없이 떠 돌아다닐까 봐 걱정이 이만저만이 아니었다는 사실을 고백했다. '세상에…. 정작 내가 제일 아무 생각이 없

었구나.'

어쨌거나 결국 나는 모두가 기쁜 결정을 했다.

PGWP와 영주권

막연히 토론토에 2년 정도 더 살기 위해 컬리지 진학을 결심한 것은 아니었다. 어차피 내 마지막 학력은 고등학교 졸업장이었고 스스로 학비와 생활비를 해결할 수 있을 만큼 돈도 있었으므로 쉽게 결정했을 거라고 생각한다면 완전히 틀렸다. 한국의 어느 은행에 예금으로 묶여 있는 그 돈은 평범한 내 또래의 친구들이 누리고 즐겼던 그 모든 것들을 하지 못한 채 모은 돈이었다. 당장 아무것도 할 일도, 하고 싶은 일도 없었기에 시작했지만 일에서 오는 각종 스트레스와 내 미래에 대한 혼란스러움으로 하루하루를 버티며 5년이란 짧지 않은 시간 동안 모은 돈이었다. 나에겐 내 청춘과 맞바꾼 '피' 같은 돈이었기에 언젠가 하고 싶은 일이 생기면 정말 의미 있게 쓰겠노라 다짐했었다. 그래서 더욱 캐나다에서 학교를 가는 게 맞는 일인지 치열하게 고민했다. 이미 컬리지 진학을 결심한 이후였지만 하루에도 몇 번씩 나 자신에게 묻고 또 물었다. 문제는 컬리지에서 배우고 싶은 게 없다는 데 있었다. 아직 음악 말고는 하고 싶은 게 없었는데 그렇다고 캐나다에서 음대를 가기엔 돈이 부족했고, 캐나다라는 나라는 음악 교육으로 유명하지도 않았으며 무엇보다도 이미 실패한 일을 포기하지 못하고 손에 붙들고 있으려는 나 자신이 한심했다.

캐나다에 있는 공립학교에서 1년짜리 교육과정을 수료하면 1년 동안 일 할 수 있는 비자를 준다. 2년이나 3년을 공부하면 3년짜리 워킹비자를 주는데, 이를 Post Graduate Work Permit, 줄여서 PGWP라고 부른다. 이 비자는 워홀비자와 그 성격이 비슷한데 비자 기간 동안 아무 데서나 일할 수 있고, 일을 하지 않아도 상관이 없다.

영주권의 경우 캐나다에서 일을 하지 않고 심지어 캐나다 땅을 밟지 않아도 자국에서 신청할 수 있는데, 이런 이민은 특정한 자격요건을 갖추어야 가능하기에 나처럼 학력과 경력 모두 부족한 사람들은 해당이 안 된다. 하지만 캐나다에서 컬리지를 졸업하고, 일을 하고 나면 얘기는 달라지는데 이는 캐나다 내에서의 학력과 경력이 있을 경우 가산점을 주기 때문이다. 내 나이, 학력, 경력, 영어점수 등 각각의 카테고리마다 점수가 있고, 나의 총점이 이민국에서 발표하는 점수보다 높으면 영주권을 신청할 수가 있다.

하여 나는 내가 지금까지 인생을 살면서 이뤄놓은 유일한 성과인 '돈'을 학비로 쓰기로 결정했다. 컬리지 졸업 후의 PGWP비자와 영주권까지 고려해서 결정한, 일종의 나 자신에게 하는 투자이자 모험이었다. 이민국에서 정해놓은 직업군으로 일을 구할 수 있을지, 1년이나 2년 일을 해서 가산점을 받아도 이민국이 발표한 점수보다 높은 점수를 가지게 될지는 아무도 장담할 수가 없지만 굳이 따지면 내가 내년에 살아 있을지도 모르는 일 아닌가. 어차피 인생이란 한 치 앞을 모르는 거다. 무튼 이런 위험부담을 감수하고서라도 모험을 해 보기로 했다. 캐나다에서의 지난 나의 워홀 생활이 더할 나위 없이 만족스러웠듯 앞으로의 컬리지 생활도 그러할 것이라 굳게 믿고 있었다.

컬리지에 가는 3가지 방법

우선 캐나다에서 컬리지를 가는 방법은 세 가지가 있다.

첫째, 아이엘츠나 토플

아이엘츠나 토플 시험을 본 후에 그 점수를 가지고 지원하는 방법이다.(코로나로 인한 팬데믹 때문에 듀오링고 라는 어플 시험 점수도 인정하고 있지만 언제 없어질지 모른다.) 장점은 한국에서 준비가 가능하기 때문에 굳이 캐나다에 오지 않고 한국에서 시험 준비를 하고, 시험을 본 후 커트라인이 넘는 점수를 받으면 지원할 수 있다. 단점은 Speaking, Writing, Reading, Listening 4가지를 고루 잘해야 한다는 점과 점수가 있어야지만 원하는 학교에 지원이 가능하다는 점을 들 수 있다.

둘째, 자체 시험

컬리지에서 자체적으로 운영하는 시험을 본 후에 입학 여부를 결정받는 방법이다. 장점은 Reading과 Writing 만 준비하면 된다는 점과 상대적으로 준비하는 데 있어 돈이 덜 든다는 점 등이 있다. 단점은 자체 시험이라는 제도를 가지고 있는 컬리지가 별로 없으며 그만큼 시험 준비 자료도 구하기 힘들다는 점이다.

셋째, 어학원

특정 컬리지와 연계되어 있는 어학원들이 있다. 이곳에서 수업을 받고 Pathway라고 불리는 프로그램을 마치면 별도의 영어시험 없이 바로 컬리지로 진학할 수 있다. 패스웨이 프로그램은 어학원에 따라 두 가지 타입으로 나뉘는데, 일반 ESL 과정을 끝낼 때마다 반이 올라가고 일정 수준의 레벨을 마치면 컬리지로 진학하는 형태와 일반 ESL 수업을 듣다가 일정 레벨이 되면 패스웨이 프로그램이라 불리는 2-3개월짜리 과정을 수료하고 컬리지로 진학할 수 있는 형태이다. 패스웨이의 장점은 기존에 영어 공부를 한 적이 없어도 어학원을 다니며 컬리지에 갈 수 있는 실력을 쌓을 수 있고 그 기간동안의 비자 문제가 해결된다는 점과 컬리지 진학 전에 학업 기간을 대강 파악하여 앞으로의 계획을 세울 수 있다는 점, Pathway 프로그램을 진행하는 동안 미리 원하는 과에 원서를 쓸 수 있다는 점 등이 있다. 단점은 한 달에 백만 원이 넘는 학비.

비록 유학원에선 어학원의 패스웨이 프로그램을 추천해 주었지만 내가 모아 놓은 얼마 안 되는 돈으로 직접 학비와 생활비를 해결해야 하는 나로서는 어학원을 다니기엔 절대적인 무리가 있었다. 그렇다고 토익 공부조차 해본 적이 없는 내가 당장 아이엘츠나 토플 시험을 준비하는 것도 무리였고, 이런 시험들은 한국에서 준비하는 것이 오히려 나아 보였다. 다행히 내가 가고자 하는 컬리지가 자체적으로 입학시험을 운영하고 있어 자체 시험을 준비하기로 결정했다. 다운타운에 위치한 이 학교와 조금 외곽이지만 역시나 자체 시험이 있는 학교 두 군데에 원서를 쓰고 자체 시험 날짜를 기다렸다.

토론토 4개의 컬리지

앞서 설명했듯이 캐나다 교육 시스템으로 컬리지와 유니버시티는 분명 다른데 많은 한국인들이 단순하게 컬리지는 2년짜리 전문대, 유니버시티는 4년제 대학이라고 생각한다. 아주 틀린 말은 아니지만 단순히 그렇게 대입시키기에는 조금 무리가 있어 보인다. 이는 학력보다 경력을 더 중요하게 여기는 사회 분위기에 있다고 생각하는데, 물론 더 높은 위치의 일자리일수록 지원 가능한 학력의 기준이 높아지고 훗날 기업 조직에서 승진의 기회가 달라질 수 있다.

컬리지의 경우 갓 Secondary School을 마친 어린 학생들뿐만 아니라 일을 하다가 다시 학교에 오는 사람들, 일을 하면서 혹은 결혼을 하고 나서 공부하려는 사람들, 4년제 대학을 졸업 후 취업이 되지 않아 기술을 배우려는 학생들 등 정말 다양한 사람들이 각자 다른 위치에서 컬리지에 온다. 또한 굳이 나이를 밝힐 필요가 없는 이곳 문화에, 동양인은 어려 보인다는 강점까지 있어 나처럼 더 이상 스무 살이 아닌 학생들도 괴리감 없이 편하게 다닐 수 있었다.

토론토에는 4개의 공립 컬리지(College)가 있다. 전공에 따라 더 좋은 학교가 어디냐는 질문을 많이 받았는데 특정 과마다 더 나은 학교라는 건 없고 사실 다 비슷하지만 학교마다 특별히 더 투자하고 신경 쓰는 전공이 있고 전공마다 학생들, 특히 한국 학생들이 더 선호하는 학교가 있기는 하다. 또한 학교마다 외국 학생들은 지원할 수 없는 전공들이 있으므로 잘 확인하고 지원해야 한다.

- 조지 브라운 컬리지(George Brown College)

토론토 다운타운에 위치. 요리, 베이킹 학과와 호텔 매니지먼트, 고객 서비스 관련 학과들이 유명하다.

- 세네카 컬리지(Seneca College)

토론토 북쪽, York 지역에 위치. 무역, 회계 같은 Business 관련 전공들이 인기며 승무원이 꿈인 학생들이 항공서비스(Flight Services) 과로 진학하기도 한다. 학업을 마치고 욕대학(York University) 로 Transfer 하는 경우도 많이 봤다.

- 센테니얼 컬리지(Centennial College)

토론토 동쪽, Scarborough지역에 위치. 한국 학생들에게 간호학과와 항공정비과가 매우 인기 있는 학교였는데, 간호학과의 경우 안타깝게도 더 이상 외국 학생들을 받지 않고 있다.

- 험버 컬리지(Humber College)

토론토 서쪽, Mississauga지역에 위치. 1년(2학기) 짜리 과정부터 4년(8학기) 짜리 Bachelor 과정까지 폭넓은 교육과정과 좀 더 세부적인, 다양한 전공과목들이 개설되어 있다.

나의 경우 오직 위치 때문에 무조건 조지 브라운 컬리지에 가야겠다고 생각했다. 토론토에 더 있기 위해 학교를 가기로 결정한 건데 토론토 중심부가 아닌 외곽에서 살게 된다면 혼자서 지구 반대편에 사는 의미가 없다고 생각했기 때문이다. 만약 다른 학교를 가게 되면 통학을 위해 긴 시간을 할애하거나 이사를 해야 했는데 정말 그러고 싶지 않았다. 다행히도 자체 시험을 보고 입학할 수 있어 제발 붙게 해달라고 빌었다.

Business 전공은 무덤 파기?

하나. 캐나다에 남기로 결정했다.

둘. 이곳에 어떻게 남을 것인가 생각하다 컬리지에 진학하기로 결정했다.

셋. 시간과 돈이 없으니 3년보다는 2년, 코업(Co-op) 프로그램보다는 코업 과정이 없는 학과에 가야겠다고 생각했다.

넷. 위치가 가까운, 토론토 중심부에 위치한 학교인 조지 브라운(GBC)에 자체 시험을 위한 원서를 써 보기로 했다.

꽤 오랜 시간 고민하고 결정을 내리지 못했지만 막상 캐나다에 남기로 결정하고 나니 그다음 단계들은 굳이 선택을 할 필요 없이 술술 잘 풀렸다. 토론토에서 더 살겠다는 확고한 목표가 정해지자 나머지 문제들은 알아서 해결되었던 것이다. 그런데 문제가 생겼다. 컬리지 원서를 쓰려고 보니 지원할 과를 정해야 했는데 아무리 생각해도 배우고 싶은 게 딱히 없었다.

이맘때쯤 친구 추천으로 어느 유학원에 가서 상담을 받게 되었는데, 부원장님이 한국 학생들이 선호하는 세 가지 과를 알려주셨다. 학교에서도 잘해야 하지만 졸업 후 취업까지 생각해야 하기 때문에 전공 선택은 매우 중요했는데 외국인으로서 무엇을 하던 캐네디언들보다 영어가 부족하므로 기왕이면 언어가 중요한 학과보다는 기술이 더 중요한 학과가 취업에 유리했고, 많은 한국인 학생들이 그런 과를 선택했다.

첫째는 간호학과. 물론 공부할 땐 힘들겠지만 졸업 후 취업이 다른 과보 다는 더 보장되어 있다. 영주권을 신청할 수 있는 직업군임은 물론이고 시급도 센 편이다. 영주권을 취득한 후 다시 대학에 가서 공부를 하고, 졸업 후에 더 나은 환경에서 더 높은 임금을 받고 일할 수 있다. 문제는 내가 비위가 약하고 피를 못 본다는 것. 옆에 있는 사람이 피를 흘려도 내가 아픈 스타일이라 나에겐 맞지 않는 과였다.

둘째는 유아교육과. 이 역시 간호학과와 마찬가지로 졸업 후 취업이 쉬운 편이며, 영주권을 신청할 수 있는 직업군이다. 내가 가고 싶어 하던 조지 브라운 컬리지는 근처에 위치한 라이어슨 대학교(Ryerson University)와 연계가 되어 있어 유아교육과 학생들에 한해 컬리지 학비를 내고 대학에 가서 수업을 듣고 도서관을 이용할 수 있어 경쟁이 아주 치열하다. 한국에서 5년이나 유치원&학원에서 일했기 때문에 그 직업의 힘든 점을 너무나도 잘 알았고, 아이들을 돌보는 일을 계속할 수 있을까에 대한 의구심이 컸다. 물론 한국보다

근무 환경은 훨씬 좋겠지만 내 인생이 똑같이 흘러갈 것 같아 싫었다.

마지막은 요리학과. Culinary Arts라고 부르는 이 전공은 특히 조지 브라운 컬리지에서 가장 유명한 프로그램으로 학교에서 자체 레스토랑을 운영하며, 투자도 많이 하고 학생들에게 인기도 좋은 전공이었다. 더군다나 딱히 못 하는 요리가 없고 눈대중으로 간도 잘 맞추며 스트레스를 풀기 위한 하나의 방법으로 요리를 즐겨하는 내게는 다른 두 전공보다 더 나은 선택 같아 보였다. 하지만 이 역시 내가 먹기 위한 요리를 즐기는 내가 오직 손님을 위해 요리를 하고 또 오랜 시간 서서 주방에서 일할 수 있을지에 대한 의문이 들었다. 나는 가끔 취미로 요리를 하는 것은 좋아하지만 직업으로 할 만큼은 아니었다.

결국 한국 학생들에게 인기가 있다는 세 가지 학과를 모두 포기했다. 아무리 캐나다에 남기 위한 결정이라 하더라도 돈을 주고 배우는 게 있어야 했고, 졸업 후 취업도 할 수 있어야 했다. 그런데 아무리 생각해도 영주권을 신청할 수 있는 특정 직업군중에 내가 배우고 싶은 일은 없었고 영주권과 상관없이 배우고 싶은 것도 없었다.

좀 더 생각해 보기로 하고 유학원에서 나와 집에 가는 길에 마음이 복잡해졌다. 이게 과연 잘하는 짓인가 나 자신에게 물었지만 선뜻 대답할 수가 없었다. 유학원에서 받아 온 학교 팸플릿을 펼쳐보니 맨 뒷장에 개설된 전공과목들이 표로 잘 정리되어 있었다. 무식하게 볼펜을 들고 싫은 학과들에 줄을 긋기 시작했다. 유아교육과 지우고 요리나 베이킹과 지우고 토목, 건축 쪽도 지우고 호텔 관련 전공도 지우고 나니 남는 것은 Business 관련뿐이었다. 그리고 그중에서도 '마케팅과'가 눈에 들어왔다. 한국에 있을 때 여러 번 마케팅 관련 서적을 읽은 적이 있었는데 꽤 흥미로웠던 기억이 갑자기 떠올랐다. 사실 공부하기 싫은 과들을 다 지우고 나니 그거 하나 남아 다른 선택 사항이 없기도 했다.

다행히 코업 없는 2년짜리 프로그램이 있어 유학원에 연락했더니, 마케팅만큼 영어가 중요한 전공이 또 없으며 4년이 아닌 2년을 공부해서는 마케팅의 '마'자도 제대로 배울 수 없다며 나를 말렸다. 나 역시 졸업 후가 조금 걱정되긴 했지만 혹시라도 졸업 후 다시 한국에 가서 살게 된다면 그때도 먹고 살 수 있어야 했고, 또 내가 무슨 일을 하던 마케팅 지식을 쌓아놓는 게 도움이 되겠다는 생각이 들었다. 결국 졸업 후의 일은 나 하기 나름 아니겠냐며 큰소리를 쳤고, 두 학교에 마케팅 과로 원서를 썼다.

두 달간의 에세이 개인과외

이제 원서를 썼으니 입학시험을 준비하면 된다. 지원하는 전공과목마다, 본인의 고등학교 성적에 따라 시험이 조금씩 다른데 나는 영어와 수학 시험을 봐야 했다. 수학의 경우 난이도가 매우 쉬우니 걱정하지 않아도 된다고 들었지만 워낙 숫자를 싫어하는지라 '수학 때문에 떨어지면 얼마나 황당하고 억울하겠냐' 생각하며 초등학교에서 배웠던 기본 수학 공식들을 훑어보았다. 영어 시험은 독해와 작문시험으로 나뉘었는데 문제는 작문이었다. 아이엘츠 작문 시험과 비슷하게 형식에 맞춰 300자 내외로 글을 쓰면 되는 거였는데 한 번도 이런 종류의 시험을 준비하거나 영어로 작문을 많이 해본 적 없는 나로서는 너무 당황스러운 시험이었다.

한국인 커뮤니티 카페인 '캐스모'에서 개인 과외를 알아봤다. 그중에 제일 괜찮아 보이는 글을 골라 연락을 하고 만나기로 했다. 선생님은 젊은 한국인이었는데 고등학교 때 부모님과 함께 이민 왔고 최근에 결혼하여 아이를 키우고 있다고 했다. 꼼꼼하고 차분한 성격이 좋아 일주일에 두 번씩 에세이 과외를 받기로 했다.

에세이(Essay)는 주어진 질문에 나의 의견을 형식에 맞춰적으면 되는데, 형식은 서론(Introduction), 본론(Body), 결론(Conclusion)으로 이루어져 있고 자체 시험에선 '300자'라는 단어 제한이 있기 때문에 A4용지 한 장 정도의 길이로 적으면 되었다.

선생님과 함께 에세이에서 쓰면 안 되는 단어들을 공부하고 가산점을 받을 수 있는 표현들과 문장들을 외웠다. 에세이가 뭔지도 모르던 사람이 고작 두 달 만에 주 2회 수업으로 컬리지 입학시험을 본다는 게 사실 말이 안 되는 일이었고, 거의 6개월을 과외를 받으며 공부를 하는데도 시험을 보기 위한 충분한 실력이 안 되는 학생들이 많다는 말에 겁이 났다. 나중에야 안 사실이지만 어학원에서 패스웨이 프로그램을 하는 많은 학생들이 중점적으로 배우는 게 바로 이 에세이다.

상황과 조건은 쉽지 않아 보였다. 하지만 나는 어릴 때부터 워낙 잔머리가 잘 돌아가는 인간이 아니었던가!(아버지께 감사드립니다.) 몇 번 에세이를 쓰면서 선생님께 교정을 받고, 잘 쓴 에세이 샘플을 찾아보면서 좋은 문장들은 통째로 외워버렸다. 한 달이 지나자 그럴싸하게 그런 에세이들을 흉내내며 쓸 수 있게 되었다. 두 달 만에 시험을 볼 수 있었던 또 다른 이유는 특이한 나의 영어실력 때문이었는데, 선생님은 내게 내가 쓴 에세이에는 어려운 단어가 하나도 없어도 많은 학생들의 에세이에서 나타나는 번역 느낌의 영어 문장이 없다며 신기해하셨다. 제대로 영어 시험 준비를 한 적이 없어 어휘가 많이 부족했어도 어릴 때부터 가끔씩 영어로 생각하고, 대화를 할 때도 한국어로 생각하고 바꾸는 게 아니라 틀린 문법이라도 영어 단어부터 말하고 보는 덕에 글에서도 한국어로 문장을 만들고 영어로 번역한 것 같은 어색한 느낌이 별로 없었나 보다. 다행히 부족한 어휘력은 각 분야별로 어려운 단어들을 외우면 금방 해결되었다.

결국 고작 8개의 에세이를 써 본 후, 선생님과 유학원의 우려를 뒤로 하고 두 학교에서 자체 시험을 보았다.

투자상품으로의 나

일주일에 두 번 컬리지 입학 자체 시험을 위한 에세이 과외를 받으며 틈틈이 친구들도 만나고 토론토에서의 생활을 즐겼다. 만약 시험에서 떨어진다면 더 이상 토론토에서 아니 캐나다에서 살 일은 없을 것이다. 마침 하우스 2층에서 주방과 화장실을 공유하며 살았던 일본계 캐네디언인 친구가 주말이면 친구들을 초대해 요리도 하고 술도 마시며 즐거운 시간을 보냈다.

그전까지 많은 사람들을 만나고, 잠시 알고 지냈지만 다시 멀어지고, 친하게 지냈지만 헤어져야 하는 수많은 만남들을 가지면서 헤어짐에 익숙하지 않은 나는 아무도 모르게 혼자 무너지고 상처받았지만 이 즈음엔 이곳에 오래 있었던 사람들, 오래 있을 사람들과 어울리며 나름 안정적인 인간관계를 가지고 있었던 것 같다. 몇몇의 친한 친구 그룹을 만들어 함께 어울리는 일은 더 재밌기도 했지만 간혹 그중 한 명이 본인의 나라로 돌아간다 하더라도 여전히 나는 다른 친구들이 있고, 떠나는 사람보다 남는 사람의 숫자가 압도적으로 더 많으므로 나 혼자 남겨진 것 같은 느낌은 전혀 들지 않아 좋았다.

혹시 자체 시험에서 떨어지면 한국으로 돌아가야 하니 친한 친구들과 부모님을 제외한 주변 사람들에겐 알리지 않고 준비했다. 이미 목표한 것을 이루지 못한 경험과 실패한 경험이 있기에 친한 언니가 '웬만해선 국제 학생들 다 합격시켜 준다더라'는 말을 해줘도 내가 그 대다수의 합격생 중 한 명이 될 것 같지 않아 보였다. 내가 계획한 데로 흘러오지 않은 인생이었다. 유일하게 내가 계획한 데로 된 게 있다면 나에겐 나름 큰돈의 목돈을 모은 일뿐이었는데, 시험에 합격하여 컬리지를 가게 된다면 그 돈은 모두 사라질 예정이라 그 사실도 나를 심란하게 만들었다. 졸업 이후 워크퍼밋과 영주권까지 보고 나 자신에게 투자를 한다 했지만 과연 나란 인간이 투자할 만한 가치가 있는지 의심스러웠다. 아무리 투자가치가 충분하더라도 자신이 이룬 모든 것, 자신의 전재산을 투자하는 투자자는 없을 것이다.

그렇다고 이제 와서 시험을 안 볼 수도 없는 일이었다. 합격하지 못하고 한국에 돌아가게 되더라도 절대 실망하거나 좌절하지 말자고 다짐했다. 간절하게 원하면 이루어질 것 같지 않아 하루에도 몇 번씩 '컬리지에 그렇게까지 가고 싶은 건 아니야', '만약 안 되면 아까운 돈 쓰지 말라는 하늘의 뜻이겠지', '독일 가면 그만이야'라고 간절하지 않은 척 스스로 되뇌며 쿨한 척을 했다. '합격하게 되어도 입학 여부는 언제라도 다시 결정할 수 있으니 우선 시험부터 보는 것이다', '결과 보고 다시 생각할 것이다'라며 나 자신을 다독였다. 하루에도 몇 번씩 내 선택이 옳은 건지 묻는 나 자신에게 점점 지쳐가고 있을 때, 드디어 시험 날짜가 잡혔다.

입학시험과 합격통보

처음 시험 본 학교는 토론토 북쪽에 있어 상대적으로 덜 가고 싶은 학교였다. 처음 캐나다에 왔을 때 개통했던 아주 저렴한 통신사를 여전히 쓰고 있었는데, 학교에 도착하자 핸드폰이 잘 작동하지 않았다. 아침부터 지하철과 버스를 타고 1시간 조금 넘게 걸려 도착한 학교의 캠퍼스는 굉장히 컸다. 건물 안에서 길을 좀 헤매다가 시험 보는 곳을 겨우 찾아 도착하니 일찍 출발한 덕에 여전히 시간이 충분했다. 바로 영어 독해 시험을 봤는데 한 지문당 3-4개의 문제가 있었고 총 풀어야 하는 문제 수가 꽤 많았다. 정신없이 풀다 보니 시간이 부족해 마지막 지문은 거의 읽지도 못했다.

두 번째이자 마지막으로 내가 원하는 학교로 시험을 보러 가게 되었다. 시험을 위해 대기하고 있는데 어머니로 보이는 분과 함께 온 어린 여자애가 눈에 띄었다. 정작 아무 생각이 없는 내가 이상한 건가 하는 생각이 들 정도로 그 어머니는 시험을 앞둔 딸 옆에서 지극정성이었다. 그리고 우연히 다른 사람들이 나누는 얘기도 들었는데, 본인은 이미 두 번 시험에 떨어지고 이번이 세 번째라며 꼭 마지막이었으면 좋겠다는 이야기를 나누고 있는 중이었다. 그제야 나도 슬슬 긴장이 되기 시작했다.

시험은 역시나 독해시험 먼저였는데 수능 시험에서 보았던 문제 유형과 비슷했다. 지문이 있고 그에 맞는 답을 보기 4개 중에서 고르면 되었고 다행히 시간제한은 없었다. 시간제한이 없었기에 모르는 단어가 나오면 모니터를 불태울 것처럼 노려보았다. 꽤 오랜 시간을 노려보았지만 당연하게도 뜻을 유추해 낼 수는 없었다. 마지막 문제까지 모두 풀자 자동으로 점수가 계산되어 나왔다. 독해 점수는 큰 비중을 차지하지 않는다고 들었기에 다음에 있을 시험이 더 걱정이었다. 이후 수학 시험을 봤는데 문제는 '얼마인 물건을 30프로 할인하면 얼마겠느냐'는 식의 문제가 주를 이뤘다. 컴퓨터 내에 있는 계산기를 쓸 수 있어 계산하는 방법만 알면 굳이 직접 계산하지 않아도 되었는데 계산을 하면서 실수하지 않을까 걱정을 많이 했던 나로서는 큰 어려움 없이 다 문제를 풀 수 있었다.

이후 약간의 쉬는 시간을 갖고 나자 대망의 작문 시험이 나를 기다리고 있었다. 시험은 컴퓨터로 보기에 스펠링이 틀린 단어에는 빨간색 밑줄이 그어졌지만 맞는 단어를 알려주진 않았다. 세 가지 문제 중에 내가 원하는 문제를 고를 수 있었고 단어 제한은 300자 내외로, 80분의 시간이 주어졌다. 시간 절약을 위해 문제를 본 후 바로 시작 버튼을 누르지 말고 무엇을 쓸 것인지, 어떻게 쓸 것인지 충분히 생각한 후에 다음 화면으로 넘어가라는 이야기를 많이 들었으므로 문제와 함께 준 종이에 필수 단어들과 사용할 문법, 내 주장을 뒷받침할 근거 세 가지를 정리한 후 시험을 시작했다. 컴퓨터 옆에는 영영사전도 있었는데 원하는 사람은 사전을 찾아봐도 된다고 했지만 그럴 수 있는 시간적 여유가 있는 사람은 거의 없었다. 빨간 밑줄이 그어진 단어는 다시 써보거나 아니면 아예 지우고 철자를 확실히 아는 단어로 바꾸어 썼다.

소문에 의하면 이 자체 시험 에세이는 사람이 아니라 컴퓨터가 채점하므로 문제와 전혀 다른 내용의, 본인이 외운 답변을 써도 합격한다고 하는데 내용까지는 잘 모르겠으나 컴퓨터가 단어와 문법들을 확인하는 것은 맞는 것 같다. '어느 정도 써야 합격이다'라는 기준이 없었기에 시험을 보고 나왔지만 전혀 감이 오지 않았다. 결국 일주일쯤 지나 유학원으로부터 두 학교 모두 합격했다는 소식을 전달받았고 '처음으로 내가 원하는 데로 풀리는구나'라고 생각하게 되었다. 기쁘긴 했지만 '한국에서 입시에 성공했다면 이런 비슷한 기분이었을까' 싶어 씁쓸했고, 동시에 내가 컬리지에 가서 잘할 수 있을지 걱정이 되었다.

10월 초였고 학교는 1월부터 시작하므로 10월 말부터 12월 말까지 두 달 동안 한국행을 결정했다. 편도가 아닌 캐나다로 다시 돌아오는 왕복 비행기표를 가지고 한국에 들어간다는 게 이상했다. 이곳에서 학교를 갈 예정이라고 하자 주변에서 내 일처럼 기뻐해 줬다. 토론토에 있는 친구들은 내가 그들과 함께 이곳에서 더 오래 있을 거라는 사실에 기뻐했고 한국에 있는 사람들은 '네가 지금까지 한 선택 중에 가장 잘 한 선택인 것 같다'라고 할 정도로 축하해 줬다. 나 역시 기쁘긴 했지만 제대로 영어 공부를 해본 적 없는 내가 과연 컬리지에 가서 잘할 수 있을지 걱정이 되었다. 하지만 항상 그래 왔듯이 몸으로 부딪히기로 다짐했다.

캐나다 비자 이야기

캐나다에서 지내려면 비자가 있어야 한다. 당연한 소리 같겠지만 간혹 잘 모르는 경우가 있다.

01 eTA(전자여행허가서)

과거 대한민국 여권을 가지고 있다면 캐나다에서 최대 6개월까지 무비자로 있을 수 있었다. 입국 심사 시에 여권 뒤 비자란에 입국 도장을 찍어 주는데 이때 도장과 함께 캐나다에서 체류 가능한 마지막 날짜를 적어줬다. 그리고 몇 년 전부터 eTA라 불리는 전자여행허가서로 변경되었는데 미국 ESTA를 따라한 게 분명하다.(아님 말고) 미리 홈페이지에서 요구하는 모든 정보를 입력하고, 결제를 하면 보통 한 시간 이내로 승인 이메일이 온다. 그 이메일과 귀국 항공권을 가지고 캐나다로 들어오면 된다. 5년의 유효기간이 있다.

02 관광비자(Visitor Visa)

우리가 흔히 관광비자라고 부르는 Visitor Visa는 방문자 혹은 임시 거주 비자라고 생각하면 되는데 보통 학생비자, 워홀비자 이후에 캐나다에서 더 체류하고 싶은 학생들이 신청하거나 학생비자를 받은 어린 자녀의 부모님이 동반비자로 신청하거나 혹은 캐나다인과 결혼을 한 외국인이 신청해서 받기도 한다. 신청은 여권 사본과 여권용 사진, 은행에서 받은 잔액 증명서류, 신청서(IMM5708)를 제출하고 신청비용을 결제하면 된다. 본인의 나라로 돌아가는 비행기표를 함께 제출하는 경우도 있는데, 본인의 출국 날짜까지 비자가 나올 가능성이 더욱 높아진다.

03 학생비자(Study Permit)

말 그대로 학원이나 학교를 다니는 학생들이 신청하여 받는 비자로서 어학원을 다니는 경우엔 일을 할 수 없고, 컬리지나 유니버시티를 다니는 경우에만 합법적으로 일을 할 수 있다.
비자 신청서(IMM5709)와 꽤 많은 서류를 준비해서 신청비용을 결제해야 한다. 학교로부터 입학 서류만 받고 비자를 신청한 후에 캐나다에 와서 학교를 가지 않는 학생들이 많아져 비자 신청이 거절될 확률이 커졌다. 그래서 필수 서류가 아닌 학비 영수증이나 사유서를 함께 제출하는 경우가 대부분이다. 학생비자를 가지고 있는 학생들은 90일 이상 학업을 정지하면 안 된다는 조건이 있으므로 한 학기(4개월)를 휴학할 경우, 후에 학생 비자 연장이나 PGWP 신청에 있어 문제가 될 수 있다.

04 워킹비자(Work Permit)

워킹 홀리데이(Working Holiday) : IEC(International Experience Canada) 프로그램 중 하나로 1년 동안 캐나다에서 일을 할 수 있는 비자다. 만 18세에서 30세 사이의 대한민국 여권을 가진 사람이라면 신청 가능하다. 이민국 홈페이지에서 IEC Profile을 만들고 기다리면 된다. 추첨에 뽑히면 초대장(Invitation)을 보내는데 필요한 서류들을 제출하고 신청비를 결제하면 된다. 이민국 지정병원에 가서 신체검사를 받는 일이 병원의 예약 상황 때문에 생각보다 오랜 시간이 걸릴 수도 있으므로 가장 먼저 병원 예약 날짜부터 잡아야 한다.

2024년, 한국과 캐나다의 수교 60주년을 맞아 한국인은 만 35세까지 신청 가능하며, 2년짜리 비자를 받을 수 있게 되었다.

05 PGWP(Post Graduate Work Permit)

앞서 말했듯이 공립 컬리지나 유니버시티에서 1년 과정을 수료하면 1년, 2-3년 과정을 마치면 3년의 Open Work Permit을 주는데 이는 직장을 옮겨도 되고 일을 굳이 하지 않아도 되는 워홀 비자와 같은 성격의 비자다. 학교를 마친 후 최종 성적표를 받고 나면 신청이 가능한데 학교 측에 문의하면 신청을 위한 PDF 파일 형식의 졸업 레터를 보내준다. 여권사본과 여권용 사진, 학교로부터 받은 성적표나 졸업 레터(혹은 둘 다)와 함께 신청서(Imm5710)를 작성하여 제출하면 되고 신청비용이 있다.

학생비자에서 학생비자를 신청하거나 워홀 비자에서 학생비자를 신청하는 경우에는 '연장' 개념이기 때문에 별다른 추가 서류 없이 기본 서류만 잘 작성하여 제출한다면 별문제 없이 비자를 받을 수 있지만, 관광비자에서 학생비자나 워홀 비자를 신청하는 경우엔 새롭게 비자를 '신청'하는 개념이기 때문에 비자를 받기가 상대적으로 쉽지 않고, 승인이 나도 비자를 받으려면 국경을 나갔다가 들어와야 한다. 본인이 현재 학생비자나 워홀 비자를 가지고 있는데 한국으로 무조건 돌아갈 계획이라면 관광비자를, 이후에 어떻게 될지 모르겠다면 학생비자로 연장하는 것을 추천한다.
모든 비자는 본인이 직접 신청할 수 있다. 다만 서류가 충분하지 못하거나 실수가 있을 경우 거절될 확률이 커지기 때문에 안전하게 비자를 받기 위해 유학원이나 이주공사에 비자 대행을 맡기기도 한다.

3장.

좌충우돌 컬리지 적응기

토론토로 돌아오다

두 달 동안의 한국 방문을 마치고 캐나다 토론토로 돌아왔다. 한국에서 신청한 학생비자도 공항에서 비자 레터로 잘 받아서 나왔다. 이제 나는 약 2년 동안 비자 걱정 없이 캐나다에서 지낼 수 있다고 생각하니 말로 설명할 수 없는 안도감이 들었다. 가장 친한 친구가 공항으로 마중을 나왔는데 하필이면 그날 눈폭풍이 몰아쳐서 도로에 차가 한 대도 없을 정도로 운전하기가 쉽지 않은 날씨였다. 기존에 살던 방을 11월과 12월 두 달 서블렛(단기간 동안 다른 사람이 돈을 내고 지내는 것. 월월세)을 주었기에 1월이 돼야 내 방으로 들어갈 수 있었다. 그래서 5일 정도를 다른 친한 친구의 집에서 신세를 지기로 했는데 넓고 좋은 소파가 있어서 크게 불편하진 않았다. 두 달 만에 다시 만난 친구들이 반가워 한국에서 가져온 소주를 꺼내자 두 친구 모두 나보다 소주를 더 반기는 듯했다. 그렇게 우리는 대낮에 나와 함께 지구 반 바퀴를 날아온 과일맛 소주를 맛보며 나의 무사귀환을 축하했다.

다시 돌아온 토론토는 놀랍도록 익숙했다. 1년 6개월을 살았던 곳이 아니라 최소 3년은 살았던 것 같은 느낌마저 들었다. 문제는 두 달 동안 쓰지 않은 영어였는데 이렇게 금방 영어를 까먹을 줄 미처 몰랐다. 친구에게 급하게 말할 때 나도 모르게 한국어로 말을 했고, 친구는 '너 지금 나한테 한국어로 말한 거야?'라고 되물었다. 말하고 싶은 마음이 앞서 문장이 꼬여 버리기 일쑤였다.

그러나 영어보다 더 큰 문제가 있었다. 1년 전, 내가 길어야 1년 반 후에 돌아올 거라 생각하고 자식 군대 보낸 셈 쳤던 부모님은 갑자기 하나뿐인 딸과 이별을 해야 했다. 졸업 후 영주권까지 생각하고 내린 결정이므로 한국에 언제 다시 돌아올지는 아무도 알 수 없었다. 덕분에 공항으로 배웅 온 엄마는 출국장에 들어가는 나를 보며 오열을 했고, 아빠의 눈시울도 붉어졌다. 옆에 있던 사촌 동생까지 울어 결국 눈물바다가 되었다. 무거운 발걸음을 돌려 출국장으로 들어갔지만 흐느껴 울던 엄마의 마지막 모습이 머릿속에서 떠나지 않았다. 비행기를 타서도 민망할 만큼 자꾸 눈물이 흘렀다. '엄마라는 사람이 떠나는 자식 마음 편하게 억지로라도 웃으며 보내주고 울 거면 뒤에서나 울 것이지'라고 엄마를 원망할 만큼 슬펐다.(나중에 사촌동생한테 들은 바에 의하면 이렇게 울고 바로 매운 닭발을 먹으러 갔다고 한다. 참나.)

친구네 집에서 지내느라 짐을 풀지 못하니까 필요한 물건이 있을 때마다 큰 가방을 열었다 닫아야 했는데 한 번은 가

슴속에서 무언가 욱하는 느낌이 들면서 '안 되겠다. 이 짐을 다시 싸서 한국에 돌아가야겠다'라는 생각이 들었다. 그리고 순간적으로 '이미 낸 학비를 어떻게 환불받을 것인가'를 생각했는데 그 충돌적인 마음이 한동안 진정되지 않았다. 정확히 4일 동안 한국으로 돌아갈지 아니면 이곳에 있어야 할지 심각하게 고민했다. 다행히도 그 고민은 오래가지 않았는데 12월 31일 친구가 주최한 파티에 가서 오랜만에 많은 사람들과 술을 마시며 이야기를 나누고, 가끔 춤도 추고, 자정에 새해 카운트다운을 하는데 그게 그렇게 신나고 즐거울 수가 없었다. 다음 날 아침, 숙취와 함께 눈을 뜨자마자 역시 내가 있어야 할 곳은 이곳이라고 생각했다.

다라가 뭐야?

드디어 첫 학기가 시작됐다. 시간표에 나와 있는 강의실은 영어 알파벳과 숫자의 조합이어서 어디로 가야 하는지 몰랐지만 물어 물어 잘 찾아갔고, 첫 학기라 그런지 전공과목보다는 Business 계열 공통 수업이 많아서 강의실마다 학생들이 많았다. 교수님들은 캐나다식 영어를 구사하는 분들 뿐만 아니라 인도식, 중국식 등…. 다양한 악센트를 가진 분들이 많았고, 그들이 하는 말을 100프로 전부 다 이해하진 못 했지만 크게 무리는 아니었다.

어느 날 백인 캐네디언 교수님의 전공 수업을 듣고 있는데 그분이 자꾸 '다라는 중요하다'며 자꾸 다라, 다라를 외쳤는데 나는 도대체 다라가 뭔지 알 수가 없었다. '나이 드신 분들은 대야를 다라라고 하는데', '산다라 박은 아닐 테고' 대체 다라가 뭘까 궁금해하고 있는데 마침 교수님이 마커를 들고 큰 보드에 글자를 적었다.

디. 에이. 티. 에이 그러고 바로 마커를 내려놓는다. 끝이야? 저게 다야? 데이터? 저거라고? 이렇게 쉬운 단어였다니. 너무 어이없고 황당해 혼자 실소했다. 그리고 영어와 관련된 황당했던 그 일이 생각났다.

때는 바야흐로 고등학교 1학년 때. 야자를 하던 평범한 어느 날이었다. 짝꿍이 갑자기 펜으로 톡톡 치더니 어떤 영어 단어의 뜻을 물었다. 나는 소위 '영어 좀 한다'는 학생 중 한 명이었다. 며칠 전 봤던 영어 듣기 평가 문제 중에 매우 까다로운 문제가 있었는데 시험이 끝나자마자 우리반에 들어온, 본인이 명문대 출신임을 온 세상에 어필하던 콧대 높은 영어 선생님은 나와는 다른 답을 정답으로 예상했다. 나는 '선생님 답은 정답이 아닌 것 같다'며 자신 있게 '내 답이 맞다'라고 우기던, 영어에 관해서는 근거 없는 자신감으로 가득했던 학생이었다.(결국 교육청에서 발표한 정답은 내 답이 맞았다.) 무튼 나는 짝꿍의 질문에 대답을 해주어야 할 것만 같은, 이유 없는 책임감을 느꼈는데 도통 뜻이 생각나지 않았다. 철자도 쉬운 그 단어는 'Resort'였는데, 짝꿍과 함께 '너 리솔트 뜻 알아?' 하며 반에 있는 온 친구들에게 물어봤지만 그 뜻을 아는 사람은 아무도 없었다. 결국 우리는 다 같이 사전을 찾기 시작했는데 생각보다 꽤 오래 걸렸다. 결국 찾은 그 단어의 뜻은 우리가 놀러 가면 묵는 리조트였고 다 같이 어이없어 했었다.

한국에서도 많이 쓰는 단어인 데이터(Data)를 못 알아듣는 바람에 그 추억이 생각났다. 한국어와 마찬가지로 영어 또한 지방 사투리가 존재하는데 그 교수님은 데이터를 '다라'라고 했다.

발음 차이뿐만 아니라 문화 차이 때문에도 이런 일은 자주 있었다. 다 함께 대기업들에 대해 이야기를 하면서 교수님이 휴렛 앤 페커드라는 회사 이름을 자꾸 얘기했는데 친구에게 슬쩍 '그게 뭐 하는 회사야?'라고 묻자 친구는 눈을 크게 뜨며 내게 '휴렛 앤 패커드를 모른다고? 장난하지 마!'라고 말했다. '장난 아닌데'라고 생각하며 인터넷에 검색을 해보니 휴렛 앤 패커드(Hewlett Packard)는 우리가 흔히 HP라고 부르는 회사였다. 컴퓨터로 유명한 세계적인 기업을 모른다고 했으니 마치 '삼성이 뭐냐'라고 묻는 것 같았을 것이다. 아무리 그래도 로고에 HP라고 쓰여 있는데 이걸 왜 줄여 부르지 않는 것인지 화가 났지만 가만히 생각해 보니 배스킨라빈스는 아무도 '베라'라고 부르지 않았다.

마케팅 수업 중간고사엔 어떤 차종이 문제에 나왔는데 이 차가 소형차인지 SUV인지 같은 기본 정보가 있어야지만 문제를 풀 수 있었다. '이 문제는 버려야겠다'라고 생각하고 다른 문제들을 풀고 있는데 갑자기 내 옆에 앉은 중국인 아줌마가 손을 들고 이게 어떤 차냐고 묻는 게 아닌가. 교수는 친절하게 이 차가 어떤 차인지 특징을 설명해 주었고 그 문제를 풀 수 있었다. 시험이 끝나고 '나도 그 차가 무슨 차인지 몰랐는데 못 물어보고 있었다'라고 하자 그 아줌마는 '그래이스, 우리는 외국인이잖아. 이런 국내 차는 모를 수도 있지. 그럴 땐 꼭 물어봐야 해'라고 조언해 주었다.

그래. 모른다고 주눅 들 필요는 없다. 모르면 당당하게 물어보면 된다. 왜냐, 우리는 국제학생으로서 엄청난 학비를 내니까!

느는 건 눈치와 임기응변

컬리지에서의 첫 일주일이 지났는데 한국인은 한 명도 만나지 못했다. 한 학기인 4개월 동안 오다가다 인사할 수 있는 아는 한국인이 한 명도 없다고 생각하니 조금 아쉬웠다. 그런데 둘째 주 월요일에 학교를 갔더니 강의실에 처음 보는 여자 아이가 앉아 있었다. 누가 봐도 한국인임을 한 번에 알아볼 수 있게 생긴 그 여자아이는 아니나 다를까 한국인이었고, 수업이 끝나자마자 내게 와서 인사를 했다.

한국인이 없다고 아쉬워할 때는 언제고 막상 누군가 한국말로 인사를 하자 무척이나 어색했다. 첫인사를 마친 후 서로의 시간표를 비교해 보며 어떤 수업을 같이 듣는지 확인해 보았다. 나랑 같은 전공이었던 그 여자아이는 2-3개의 수업이 겹친다는 기쁨이 채 사라지기도 전에 학교를 떠났다. '교수가 하는 말을 하나도 못 알아 듣겠다'며 힘들어하더니 '아무래도 다니던 어학원을 더 다니면서 영어 실력을 늘리는 게 좋을 것 같다'며 학기를 미루고 떠났다.

그 아이처럼 나 역시 모든 말을 알아들었던 것은 아니었는데, 그동안 내가 외국인임을, 영어를 모국어로 말하는 사람이 아니라는 점을 충분히 고려해서 말해주던 사람들과는 달리 학교에서의 영어는 서바이벌 그 자체였다. 살아남기 위해 말을 알아듣지 못하더라도 상황 파악은 빠르게 해야 했다. 아무리 집중해서 들어보려고 해도 듣고 이해하는 데는 한계가 있었고 그럴수록 점점 눈치가 늘어갔다.

교수가 쭉 말을 하더니 갑자기 30분을 주겠다 한다. 그 말이 끝나자마자 학생들이 갑자기 주변을 두리번거리며 서로 눈치를 본다. 재빠르게 의자를 돌려 앉은 아이도 있다. 이런 상황은 대부분 주변에 있는 다른 학생들과 이야기를 나누거나, 간단한 팀 과제를 해야 하는 경우인데 이럴 땐 당황하지 말고 동그랗게 앉는 모양이 되도록 자리를 고쳐 앉은 후에 간단하게 눈인사를 하면 무조건 먼저 말을 시작하는 학생이 있다. 그리고 다른 애들이 하는 말을 계속 들으면서 우리가 지금 뭘 해야 하는 상황인건지를 재빠르게 알아낸다. 알아낸 후에는 마치 처음부터 알고 있었던 듯이 자연스럽게 행동하면서 내 의견도 짧게 얘기한다.

혹은 아무 생각 없이 앉아 있는 바람에 교수의 말을 듣지 못하는 경우도 많았다. 누군가 한국어로 떠든다면 정신을 반쯤 놓고 있어도, 굳이 집중을 하지 않고 있어도 잘 들리는데 반해 외국어는 고도의 집중력이 필요하므로 이른 시간이나 내 상태에 따라 자주 교수의 말을 놓치곤 했다. 갑자기 수업 중간에 애들이 우르르 일어나면 '아. 쉬는 시간이구나' 갑자기 애들이 가방을 들고 우르르 일어나면 '아. 수업이 끝났구나' 하고 깨달은 적도 있다.

물론 다른 학생들이 나의 성격을 다소 내성적이고 말이 많지 않은, 덜 사교적인 성격의 사람이라고 오해했을 수도 있지만 어쩔 수 없었다. 물론 영어를 더 잘했다면 성적이 더 좋았겠지만, 캐나다에선 일을 구할 땐 학점을 보지 않으므로 무사히 패스하여 학교를 잘 마치기만 하면 된다고 생각한다. 그래서 나는 학교에서 살아남기 위해 필요한 것은(영어도 당연히 중요하지만) 눈치와 임기응변이라고 자신 있게 말할 수 있다. 바로 내가 그것을 증명한 살아 있는 예시이기 때문이다.

주 2일 알바로 생활비 퉁치기

유학 비용과 관련하여 짚고 넘어가야 할 때가 왔다.(제목이 2천만 원으로 유학 가기가 아니던가) 우선 처음 300만 원을 가지고 왔고 워킹홀리데이 생활을 하면서 만불이 조금 넘게, 즉 원화로 천만 원 정도를 벌었고 컬리지를 가기로 결정했다. 컬리지에 가기 전에 한국에서 와서 2년 학비를 전부 부모님 통장으로 송금했다.

내가 전공으로 선택한 학과인 비즈니스 계열은 다른 학과들에 비해 비교적으로 학비가 낮은 편이었는데 전부 장비나 재료가 필요 없는 수업들만 있기 때문이다. 한 학기에 국제학생이 내야 하는 학비는 7,000불 정도였고 2년인 4학기 총 학비는 28,000불 정도였다. 감사하게도 캐나다 달러의 환율이 낮아서 한국 원화로 계산하자 정확히 2천5백만 원이 되었다. 내가 5년 동안 한국에서 모은 돈인 3천만 원 중 2천 오백만 원을 아빠 통장에 보내 놓고 나머지 5백만 원은 예금으로 묶어 놓고 캐나다로 돌아왔다. 이후 4번의 학비는 모두 아빠의 한국 신용카드로 결제했다.

캐나다 은행 계좌에는 워홀에서 번 돈 만불 이상이 그대로 들어 있었고, 다행히 첫 학기는 아르바이트를 하지 않고 학교 생활에 적응할 수 있었다. 컬리지나 유니버시티에 다니는 학생들은 학생비자를 가지고도 일주일에 20시간의 아르바이트(Part-time Job)를 할 수 있었는데 첫 학기가 끝나가던 4월 말에 한국인 사장님이 운영하시는 일본 라멘 가게에 면접을 봤고, 바로 일을 시작했다.

보통의 식당들은 주로 점심과 저녁 아르바이트생이 나뉘는데 이곳은 한 명의 서버가 하루 종일 일 하는 방식이었다. 수강 신청을 잘하면 평일에 최소 하루에서 최대 3일까지 학교를 가지 않아도 되게끔 시간표를 짤 수 있었고 그 시간들을 일하고, 과제하는 데 사용할 수 있었다. 일주일에 이틀을 일하고 당일 바로 받는 팁을 생활비로 쓰고 사장님께 2주에 한 번씩 받는 주급은 월말에 방값으로 냈다.

학교를 졸업하고 내 캐나다 은행 계좌에는 여전히 만불이 남아 있었으므로 결국 나는 워홀 때 번 돈을 별로 쓰지 않은 셈이었다. 이런 와중에 학기가 끝날 때마다 약 이주일 일정으로 여행을 떠났으니 내 친구들은 내가 돈이 많은 부모님을 둔 부유한 유학생으로 오해하기도 했는데, 처음에는 '그게 아니다'며 해명을 했지만 생각해 보니 굳이 내 상황을 설명할 필요가 없는 것 같아 언제부터인가는 그냥 웃어넘겼다. 학교

오전 수업이 끝나자마자 일을 하러 가는 유학생들과 달리 나는 학교가 끝나도 일을 하러 가지 않으므로(공강인 날과 주말에만 일했으므로) 그들의 눈에 나는 일도 별로 하지 않는 유학생이었을 것이다. 게다가 내가 형제자매가 없는 외동임을 알게 되면서 내 외국인 친구들은 자신들의 의견에 더욱 확신을 가지게 되었지만 굳이 아니라고 하진 않고 넘겼다.

결과적으로 한국에서 이천만 원만 모아서 오면 워홀 생활을 하면서 1년 동안 천만 원을 모은 후에 컬리지를 진학할 수 있다는 계산이 나왔다. 만약 9월에 학기를 시작한다면 2학기를 마치고 5월부터 8월까지 있는 여름방학에 주 40시간씩 일을 할 수가 있으므로 꼭 학교 시작 전에 3천만 원이 있어야만 하는 것은 아니다. 캐나다에서 열심히 일한다면 한 학기의 학비 정도는 충분히 벌 수 있다.

전 세계 어디서나 그룹과제는 문제다

캠퍼스 생활을 그린 한국 드라마에서 그룹 과제, 일명 팀플 중 과제를 시키기만 하고 사라진 주인공의 선배를 보며 '저런 사람도 있구나' 하고 마냥 신기하게만 생각했는데 이곳 캐나다에서 그런 사람을, 아니 그보다 더 한 사람들을 만나게 될 줄 그때는 상상도 못 했었다.

컬리지는 고등학교를 갓 졸업한 어린 학생들뿐만 아니라 일을 하면서 혹은 집안일을 하면서 학교를 다니는 어른들도 있고 심지어 등록만 해놓고 안 나오는 사람들도 있다. 학교에 안 나오는 이유야 다양하겠지만 생각보다 그런 사람들이 많은데, 여기에 개강 첫 주가 지나고 다른 수업으로 바꾸는 학생들까지 고려하면 개강 때의 학생 수보다 실제로 학기 중에 강의실에 앉아 있는 학생 수는 현저하게 적어진다. 그렇기 때문에 첫 주에 과제를 위한 조를 짜는 것이 가장 위험한데 팀원 중 1-2명은 그 수업이 지난 후 나타나지 않을 가능성이 크기 때문이다. 정해진 양이 있는 과제의 경우 증발해버린 사람의 몫까지 다른 팀원이 더 해야 한다. 만약 6명이 최대 인원인 팀 과제가 있다면 주로 2명에서 6명까지는 자유롭게 팀을 짤 수 있기 때문에 2명인 팀은 6명의 몫을 해내야 한다. 그리고 가끔은 양이 많아지더라도 마음 맞는 적은 인원의 팀을 선호하기도 한다.

수업에 꾸준히 나오는 사람들끼리 한 팀이 되어도 문제는 여전히 많다. 본인이 맡은 부분을 너무나도 성의 없게, 짧게 준비하는 사람들은 둘째 치고 일정 기한까지 본인의 몫을 보내기로 해놓고 차일피일 미루는 사람들과 심지어 발표 당일에 나타나지 않는 사람들도 있다. 의외로 많은 캐네디언 학생들이 요점 파악을 못 하고, 해야 하는 과제에 대해 정확하게 이해하지 못한 채 무작정 팀을 주도하기도 한다. 이 경우 '그게 아닌 것 같은데….'라는 생각이 들어도 자신 있게 말하기가 힘들었다. 그렇다고 캐네디언이 아닌 국제 학생들끼리 같은 팀을 할 경우엔 부족한 영어를 보완할 수가 없으며, 발표가 포함된 과제의 경우에는 좋은 점수를 받기가 더 힘들어진다는 문제가 있었다. 따라서 나는 약간의 꼼꼼하고 성실한 동양인 학생들과 약간의 적극적이고 똘똘한 캐네디언 학생들이 섞인 팀을 가장 선호했는데, 실제로 그런 팀을 만들었을 때는 별 어려움 없이 과제를 마칠 수 있었고 결과도 나쁘지 않았다.

한국 대학교에서 이뤄지는 팀 과제와 가장 큰 차이점이라고 한다면 얄미운 팀원을 대하는 방식이라고 할 수 있는데 우선 캐나다에선 선배와 후배의 개념이 없기 때문에 선배라고, 혹은 나이가 많다고 무조건 그 사람 말을 따를 필요가 없다. 너무 성의 없는 과제를 제출했을 경우엔 다른 팀원들이 다시 할 것을 통보하는데 이 경우 '이렇게 해줬으면 좋겠다'는 식의 가이드라인을 함께 준다. 과제를 제출 한 이후에나 혹은 과제를 제출하는 동시에 각자 다른 팀원들에 대한 평가(Peer assessment)를 제출한다.

한 번은 5명의 팀원들과 과제를 준비하고 있었는데 이미 각자 역할 분담을 끝낸 후 정해진 날짜에 대표에게 보내면 그 친구가 모든 자료들을 합치고 정리해서 제출하기로 모두 합의했기에 개인 과제인 것처럼 내가 맡은 부분만 잘하면 되었다. 그런데 본인 부분을 보내기로 한 날, 한 남자애가 아무것도 보내지 않았고 과제를 모아서 정리하기로 한 친구가 저녁까지, 다음날까지, 그 주 금요일까지로 세 번의 기회를 더 주었음에도 불구하고 끝까지 본인 몫은 보내지 않은 채 온갖 변명만 늘어놓았다. 결국 우리는 그 부분을 나눠서 한 후 그 아이의 이름을 명단에서 지워버렸다. 팀원 평가서에 0점을 준 것은 물론이었는데 정작 그 아이는 수업에 와서 몹시 억울해했다. 아마 교수에게 다른 기회를 얻어서 겨우 학점은 받았을 것이다. 이곳은 본인 몫을 제대로 하지 않으면 인정사정 볼 것 없이 이름을 빼 버리고, 어느 누구도 '너무했다'라고 생각하지 않는다. 오히려 제대로 하지도 않고서 다른 팀원들 덕에 좋은 학점을 받는 '무임승차' 학생이 없어 좋다.

그래도 사라진 학생과 연락이 안 되는 문제도 있고, 서로 자기주장이 강해 논쟁도 잦으며, 여러 가지 이유로 스트레스 받는 거 보면 결국 사람 사는 것은 다 똑같은 것 같다.

생애 첫 깜짝 생일 파티

새로운 환경에 적응하며 정신없이 바쁜 나날을 보내고 있었다. 한국에 다녀와서 잠시 향수병이 왔었고 그 이후에도 기분 전환할만한 일이 없어서 그다지 기쁘고 행복한 나날들은 아니었다. 한국이라면 날이 풀려 따뜻한 햇살과 바람을 만끽할 수 있는 계절이 왔지만 토론토는 4월 말까지 눈폭풍이 오는 관계로 여전히 춥고 햇빛은 없었다.

어떤 마음으로 어떻게 살든 결국 시간은 흐른다는 것을 또 한 번 깨달은 이유는 곧 내 생일이었기 때문이었다. 다행히 학교는 중간고사가 끝난 이후라 바쁘지 않았다. 그래도 작년처럼 크게 생일파티를 열고 싶지는 않았다. 이곳에 워홀러로 있었던 작년에는 사람이 없는 술집에서 내가 아는 모든 친구들을 초대해 파티를 했었다. 내가 좋아하는 친구들과 그 친구들이 데려온 다른 친구들과 함께 재밌고 신나게 하루를 보냈었다. 너무 즐거워서 미처 생각도 못하고 있었던 부모님은, 나중에야 알았지만 처음으로 타지에서 혼자 생일을 맞은 나를 생각하며 눈물을 흘리셨단다.

아무튼 그런 파티를 한지가 얼마 되지도 않은 것 같은데 또 다시 생일이라는 게 어이가 없었다. 그래서 이래저래 굳이 파티를 하지 않고 조용히 넘어가기로 했다. 토요일이 생일이었던 그 주 금요일에 한국에서 캐나다 돌아오자마자 며칠간 나를 재워줬던 친구가 집에서 파티를 열거라고 했다. 아직 밖이 추워 하우스 파티가 제격이었고, 마침 나의 또 다른 친구가 그 친구네 집에서 신세를 지고 있어 다 같이 놀면 재밌을 것 같다는 생각이 들었다. 하우스파티는 너무 많은 인원이 몰리면 안 되고 내 파티가 아니어서 내 다른 친한 친구들을 부를 수 없었지만 마침 그들도 다른 파티가 있다고 해서 나중에 만나기로 했다.

그리고 금요일, 파티는 역시나 재밌었다. 내가 아는 친구들이 반, 처음 보는 사람들이 반 정도였는데 이미 친한 친구들이 있는 자리라 음악을 크게 틀어놓고 이야기도 나누고 가끔은 춤도 추며 즐거운 시간을 보냈다. 친구네 집에서 신세를 지고 있던 나의 다른 친구가 맛있는 음식을 만들어 나누어 먹기도 했다.

그러다 12시가 되었는데 갑자기 친구네 집의 현관문이 열리더니 다른 파티가 있어서 못 온다고 했던 친구들이 케이크에 초까지 꽂아서 집에 들어오고 있었다. 그 순간 모두 다 함께 생일 축하 노래를 불러 주었다. 나는 생각하지도 못한 이벤트에 너무 놀라 두 손으로 얼굴을 가리고 울어 버렸다.

알고 보니 하우스 파티를 주최했던 친구와 케이크를 들고 온 친구가 서로 연락하여 준비한 것이었는데 그 고마움을 이루 말할 수가 없었다. 내 친구들이 이런 파티 열어줬다고 온 동네에 소문이라도 내고 싶은 심정이었다. 굳이 크게 파티를 열고 내가 아는 모든 사람들을 초대하지 않더라도 정말 친한 친구들과 함께 좋은 시간을 보내는 것 또한 정말 행복한 일이라는 걸 다시 한번 깨달았다. 그리고 그 순간, 나를 몹시도 그리워하고 계실 부모님에게 연락해 친구들이 깜짝 생일 파티를 열어주어 너무나도 행복한 생일을 보내고 있다고 알려드렸다.

최악과 최고의 프레젠테이션

전공이 전공이다 보니 거의 모든 수업에 발표 과제가 있었는데 학생이 많은 수업은 주로 팀을 짜서 하고, 학생이 별로 없는 수업이나 발표과제가 거의 메인인 수업은 혼자서 발표를 해야 했다. 팀을 짜서 하더라도 여전히 모든 팀원이 각자의 부분을 발표해야 하기 때문에 발표를 안 하고 넘어갈 수 있는 수업은 4학기 동안 별로 없었다.

컬리지 입학 전에 다른 학교나 어학원을 다닌 적이 없는 나로서는 생애 첫 프레젠테이션을 컬리지 첫 달에 바로 했어야 했는데 이 때문에 학교 다니는 게 싫을 정도로 너무나 하기 싫었다. 사람들 앞에 나가 발표를 한다는 것 자체도 떨리고 부담스러운 일인데 그것을 영어로 해야 한다니…. 상상만으로도 끔찍했다.

하지만 그렇다고 안 할 수는 없는 일이고 어김없이 시간은 흘러 발표를 해야 하는 날이 왔다. 다행히 같은 수업을 듣는 친구들과 친해져 다 같이 재밌게 수업을 듣는 분위기가 되었는데 그래도 앞에 나가 발표를 한다는 것은 매우 떨리는 일이었다. 앞에 나가자 머리가 하얘지고 아무 생각이 안 났다. 과제는 회사, 기업을 정해서 소개하는 일이었는데 어떤 기업을 준비했는지 하나도 기억이 나지 않을 만큼 정신없이 생애 첫 프레젠테이션을 끝냈다. 해치웠다는 표현이 더 맞을 만큼 준비한 대본을 재빨리 읽고, 질문에는 단답으로 대답하고 내 차례를 끝내버렸다. 너무 부끄럽고 창피하기만 했다. 그래도 매우 낮은 점수는 아니었고 다른 과제들로 점수를 메꿀 수가 있어서 넘어갔다. 앞으로 모르는 애들이 잔뜩 있는 수업에선 어떻게 해야 할지 걱정이 커졌다.

'두려움은 극복하는 것이 아니라 견디는 것'이란 제목의 글을 쓴 적이 있는데 이 역시 마찬가지였다. 하필이면 마케팅과라서 발표 과제가 많아도 너무 많았고 매번 내 차례 전에 찾아오는 극도의 긴장감으로 머리가 하얘지고 토할 것 같은 메스꺼움까지 느꼈지만 할수록 점점 더 견딜 수 있게 되었다. 여전히 두렵고 하기 싫은 일이었지만 그래도 하다 보니 더 잘 참을 수 있게 되었고 적어도 좀 더 침착하게 되었다.

그러다 마지막 학기에 광고 수업을 듣게 되었는데, 역시나 그룹으로 준비해야 하는 굉장히 중요한 과제가 있었다. 그 과제는 학교의 두 졸업생이 만든 양말 브랜드를 효과적으로 토론토에 홍보하는 일이었다. 어떻게 제품을 홍보할 것인지를 정하고 그에 맞는 전략들을 짰는데 과제에서 이긴 1위 팀은 실제로 졸업 후 그 회사에서 인턴생활을 할 수 있는 자격도 주어졌다. 졸업 후 하루라도 빨리 인턴이 아닌 제대로 된 취업을 해야 하는 나로서는 전혀 관심 없는 이야기였는데 다행히 다른 팀원들 모두 나처럼 유학생이라 '어떻게든 점수만 잘 받아보자'로 의견이 모아졌다. 마치 졸업과제와도 같았던, 매우 중요했던 이 과제는 실제 광고회사에서 모든 팀원들이 앞에 나가 발표하는 것이 아니라 팀의 대표 한 명만 발표를 하는 것과 마찬가지로, 더 나은 발표를 위해 팀원들이 뽑은 사람만 대표로 발표할 수 있었는데 하필이면 우리 팀은 모두 영어를 모국어로 하지 않는, 심지어 캐나다에 어릴 때 이민 온 것도 아닌 유학생들이라 다들 발표는 부담스러운 눈치였다.

결국 나와 이집트에서 온 친구가 발표를 하게 되었는데 다른 팀원들의 몫까지 잘 해내야 한다고 생각하니 더욱 걱정이 되었다. 하지만 한국인인 팀원 두 명이 '못해도 된다.'며 격려해 주었고, 우리의 발표 시간에 다른 팀들은 강의실에 들어오지 못하게 되어 있어 청중은 오직 교수님 한 명뿐이었다. 우리는 하키 경기장에서 게임과 SNS이벤트를 통한 홍보를 기획했으므로 팀원들과 함께 소리를 지르며 강의실에 입장한 후, 실제 경기장 밖에서 사람들에게 외치듯이 '무료 응원도구 받아 가세요'라고 외쳤다. 바로 교수님에게 다가가 '오늘 게임 이길 것 같나요? 우리 사진을 인터넷에 올리면 무료 응원 도구를 드려요'라고 하며 연기했다. 그러자 바로 화면 앞에 서서 기다리고 있던 이집트 친구가 '당신은 지금 저희의 홍보 중 일부를 직접 경험하셨습니다'라고 말하며 발표를 시작했다.

교수님이 살짝 미소를 띠고 있었고, 임팩트 강하게 발표를 시작해서 잘 풀리는 느낌이었다. 가만히 생각해 보니 어차피 학교에서의 마지막 프레젠테이션이어서 더욱 자신감 있게 친구의 뒤를 이어 발표했다. 발표가 끝나자 교수님은 아이디어를 칭찬하면서 '특히 발표가 너무 좋았다. 직접 경기장에 온 느낌이었고 두 명의 발표자가 잘 정리해서 발표했다'라고 평가해 주었다. 강의실을 나오자마자 다른 팀원들과 기뻐하며 '우리 1등 하면 어쩌지? 인턴 하기 싫은데'라고 김칫국까지 마셨다. 역시 어떤 일이라도 계속하다 보면 나아진다. 나의 첫 프레젠테이션은 최악이었지만 마지막 프레젠테이션은 최고였다.

온라인 코스와 온라인 시험

첫 학기에는 시험이나 과제가 하루에 몰려 있으면 힘들 거 같아서 일부러 일주일에 5일 모두 학교에 가야 하는 시간표를 짰다. 학교를 안 가도 어차피 할 일이 없고 집에 있으면 나태해질 것 같아 한 개의 수업을 듣더라도 학교에 가는 편이 낫겠다고 생각했다. 어차피 집에서 지하철로 30분 정도밖에 걸리지 않는 거리였다.

첫 학기에 들어야 하는 과목은 6개, 나머지 세 학기 동안은 7개씩이었는데, 두 번째 학기에선 하루를 비우고 마지막 학기엔 일주일에 두 번 밖에 학교에 가지 않는 엄청난 시간표를 짤 수 있었다.

그게 가능했던 이유는 온라인 코스가 있기 때문이었는데 첫 학기에는 일부러 신청하지 않았던 온라인 코스는 Black Board라고 하는 학생들을 위한 학교 홈페이지에 접속하여 매주 정해진 자료를 읽고, 과제를 제출하면 되는 수업이었다. 나는 처음에는 '정해진 시간에 접속해서 온라인 강의를 들어야 하는 건가', '오히려 시간이 더 걸리는 게 아닌가' 생각했지만 온라인 강의는 없었고(과목에 따라 매주 동영상을 올리는 경우도 있었지만) 정해진 시간에 접속할 필요도 없었다.

매주마다 읽어야 하는 자료와 수업 내용이 올라오고(한꺼번에 다 올려놓는 경우도 있었다.) 정해진 날짜에 과제를 파일로 업로드하여 제출하면 되었으며, 정해진 주에 아무 때나 학교에 있는 시험 센터에 가서 시험을 보면 됐다. 이 온라인 수업 덕분에 시간표를 내 맘대로 짜기가 쉬웠고 공강인 날에는 아르바이트를 하거나 집에서 쉬면서 시간을 보냈다. 공부도 꾸준히 할 필요 없이 개강하고 스케줄을 확인하여 과제 제출 주간과 시험을 봐야 하는 주간만 체크하면 그만이었다.

그런데 문제는 이 온라인 코스가 전혀 쉽지 않다는 데 있었다. 주로 교양과목인 이 온라인 코스에는 사회, 문화, 예술과 관련된 수업부터 심리, 역사 같은 조금은 어려운 내용의 수업들이 많았는데 어려운 단어들이 너무 많아서 수업 자료를 읽기가 싫었다. 무엇보다도 제출한 과제에 대한 점수가 다른 과목들에 비해 너무 짠 편이었다. 나처럼 많은 학생들이 온라인 수업 때문에 과제 기간과 시험기간만 되면 힘들어했고, 알고 지내던 한국인 여자 아이는 결국 학점을 이수하지 못하고 Fail을 해 다음 학기에서 교양 과목을 다시 들어야 했다. 나 역시 좋은 학점은 커녕 무사히 통과만 하자고 마음먹게 되었다.

이 온라인 수업뿐만 아니라 일반 수업들도 중간고사와 기말고사는 학교 본 건물 2층에 위치한 시험 센터에서 보면 되었는데 교수에 따라 수업이 있는 날 시험 봐야 하는 과목도 있고, 시험 주간 일주일 동안 아무 때나 봐도 되는 과목도 있었다. 그래서 시험 기간에도 좀 더 유동적으로 계획을 짤 수가 있었는데 시험을 좀 나중에 보면 주변 친구들에게 시험 후기와 난이도를 물어볼 수가 있어 좋았다.

시험 센터는 가방과 겉옷을 선반에 올려놓고 들어가야 하며, 학생증을 확인하고 안내해 주는 자리에 앉으면 된다. 시험은 비밀번호를 입력해야 치를 수 있게 되어 있기 때문에 시험센터에 가지 않고서는 시험을 볼 수가 없다. 종이로 보는 시험보다 훨씬 더 간편하고 주관식 문제의 경우 틀린 스펠링은 빨간색으로 밑줄이 그어지기 때문에 더 좋았다. 온라인 코스와 온라인 시험 덕분에 할 게 많은 학교생활 중에 일도 하고 놀기도 하며 알차게 보낼 수 있었다.

지옥 같았던 마지막 학기

정신을 차려보니 어느새 마지막 학기가 왔다. 첫 학기는 아무것도 몰랐기에 어리바리했고, 두 번째 학기는 적응이 되어 점점 익숙해지는 게 느껴졌고, 세 번째 학기엔 확실히 편했다. 네 번째인 마지막 학기 역시 그럴 것이라 만만하게 생각했던 것이 내 실수였다. 우선 졸업을 앞두고 있어서 그런지 모든 과목들이 다 할 게 많았다. 과제도 많고, 전부 그룹을 짜서 하는 발표 과제가 있었으며 심지어 시험 양도 많았다. 게다가 온라인 코스를 제외한 모든 수업이 백인 캐네디언 교수님들이어서 빠른 영어를 알아들어야 했다. 사실 캐나다식 영어에 익숙해진 터라 어떤 부분에서는 이런 교수님들이 오히려 더 알아듣기 편하기도 했지만….

그중 최악은 영업(Sales) 수업이었는데, 기업과 기업 간의 거래에 대한 수업으로 어떻게 우리 기업의 물건 혹은 서비스를 다른 기업에게 판매하는지를 배우는 수업이었다. 2인 1조로 팀을 짜서 교수님이 거래처 직원이라고 생각하고 가상 영업을 하는 것이 중간고사와 기말고사였는데 이거야 말로 프레젠테이션보다 더 최악이었다. 우리가 시험 볼 때 다른 모든 학생들이 우리를 지켜봤으며, 교수님이 무엇을 질문할지 모르기 때문에 준비도 철저하게 해야 했다. 무엇보다 너무 떨려서 머리가 하얘진 와중에도 순간적으로 영어로 문장을 만들어 대답해야 했다. 그 상황에서는 한국어로도 말을 못 할 것 같았다.

그런데 단순히 수업과 시험이 어려웠던 게 문제가 아니었다. 교수는 수업 도중 질문을 받는 것이 아니라 본인이 무작위로 학생을 선택해 대답하게끔 했는데, 대답을 못하면 꼭 한 마디씩 하며 면박을 줬다. 답을 아는 애들이 손을 들어도 시키지 않았는데, 출석 여부를 학점에 그대로 반영하기 때문에 수업을 안 갈 수도 없는 노릇이었다. 수업 내용을 따라가기도 바빠 죽겠는데 질문까지 하니까 너무 부담스러웠다. 나에게도 질문을 했고 '미안한데 생각나는 게 없다'라고 하자 역시나 면박을 줬다. 한 번은 내 앞에 앉아 있던 중국인 여자애에게 질문을 하고 그 아이가 대답을 못 하자 정말 심하게 면박을 주었는데 백인 학생이 대답을 못 했을 때와 반응이 다르다는 생각이 들었다. 결국 나는 수업을 바꿀 수 있는지도 알아봤지만 이미 시간이 지나 버렸다.

그 사람이, 그 수업이 너무 싫어 미쳐버릴 지경이었다. 게다가 수업 내용도 나와는 너무 맞지 않는 것 같았다. 나는 고객도 아닌 기업에게 무언가를 팔고 거래를 성사시키는 그런 일을 할 예정이 아니었다. 무엇보다도 '어떻게 하면 계약을 하고 하나라도 더 팔 것인가'를 배우는 게 솔직히 말하면 좀 속물처럼 느껴졌다. 또 다른 마케팅 전공 수업 또한 백인 캐네디언 교수님이 너무 깐깐했는데, 수업에 늦은 학생에겐 꼭 인사를 하며 면박을 주었다. 결국 나는 '3달만 참자, 2달만 참자'라고 생각하며 버티듯이 학교를 다녔다.

엎친 데 덮친 격으로 '이제 졸업하고 어떻게 해야 하나'라는 걱정 때문에 스트레스가 폭발해 버렸다. 하루에 12시간씩 잠을 잤고, 수업이 없는 날엔 내 방에서 꼼짝도 하지 않았다. 결국 이 무렵 살도 찌고 몸도 많이 망가졌다.

하지만 결국 시간은 흘러 기말고사가 코앞으로 다가왔다. 영업 수업의 마지막 과제를 위해 실제 관련 분야에서 일을 하고 있는 사람을 수소문 끝에 겨우 찾아 인터뷰하게 되었다. 정해진 질문들을 하고 대답을 정리하고 있는데 인터뷰가 거의 끝나갈 때 즈음 그분이 나와 팀원들에게 이렇게 말했다.

"비즈니스는 돈이 아니라 결국엔 사람이야."

이 말은 나에게 큰 울림을 주었다. 모든 수업이 결국엔 '어떻게 하면 돈을 더 벌 수 있을까'인 것 같아 나와는 맞지 않는다고 생각했다. 돈을 많이 버는 것이 물론 중요하고 나 또한 관심이 있긴 하지만 다 상술처럼 느껴져 나 자신을 나름 예술가라고 생각하는 나 같은 사람에겐 안 맞는다 생각했던 것이다. 하지만 결국엔 사람이었다. 사람과 사람과의 관계가 가장 중요하고, 최대한 많은 사람들에게 다가가야 하며, 그들의 의견에 귀 기울여야 한다. 결국엔 모두 사람을 위한 것이었다.

깐깐했던 마케팅 수업 교수님은 마지막 수업을 마치고 갑자기 각 나라별로 '감사합니다'라는 말을 화면에 띄워 놓고 읽기 시작했다. 굳이 그렇게 하지 않아도 되었고, 단 한 번도 그렇게 하는 사람을 본 적이 없었다. 고맙다는 본인의 진심이 조금이라도 더 전달되길 바라는 마음과 각 학생들의 배경과 문화를 존중하는 마음이 느껴져 정말 감동적이었다. 수업이 끝난 후 나에게 한국어 '감사합니다'의 정확한 발음을 물어보고 세네 번 정도 따라 하며 연습하기도 했다. 물론 시간이 지나면 까먹겠지만….

결국 학교생활도, 개인적으로도 힘들었던 마지막 학기를 마쳤다. 학교를 마쳤다는 사실이 믿기지가 않았고 막상 떠나려고 하니 시원섭섭했다. 컬리지 생활은 워홀 생활과는 확실히 달랐고 내가 느끼는 캐나다라는 나라 또한 완전히 달랐으니 졸업 후 다시 돌아가는 '외국인 노동자'로서의 삶도 또 다를 것이란 생각이 들었다.

졸업하기 전에 취업이 되다

마지막 학기가 되자 학교에서 주는 스트레스와 나 스스로 졸업 후가 걱정돼 받는 스트레스가 쌓여 어떻게 주체가 안 되는 지경에 이르렀다. 당시 아르바이트를 하던 라멘집 사장님께 마지막 학기라 그만두겠다 말씀드렸더니 학교 마칠 때까지는 일 해달라고 하셔서 그냥 남기로 했다. 어차피 시간표도 잘 짠 덕에 학교는 일주일에 두 번만 가면 되었고 일은 주말에만 했으니 평일 3일을 아무것도 안 하고 쉴 수 있었다.

사장님께서 아시는 분이 유학원을 하고 계시니 원하면 소개해 주겠다고 하셨지만 반신반의했다. 사장님이 정말 연결을 시켜 주셔야 했고, 그 유학원에서도 사람이 필요한 상황이어야 하며, 무엇보다도 그 유학원 사장님이 나를 맘에 들어야 하는, 세 박자가 모두 맞아야 되는 일이었기 때문에 큰 기대는 하지 않기로 했다.

내가 전공한 마케팅이나 비즈니스 전반적으로도 매니저(관리자) 직책 이상은 일을 해야 영주권 신청이 가능했기 때문에 처음부터 전공 분야로의 취업도 포기한 상태였다. 컬리지 졸업 후 받는 3년 비자 동안 신입사원에서 매니저 직책까지 승진하는 것은 불가능해 보였기 때문이다. 그래서 막연히

'한국 회사에서 일하면 영주권은 신청할 수 있지 않을까' 하는 생각을 가지고 있었는데 그 마저도 쉽지는 않은 일이며 '운'이 따라줘야 하는 일이었기 때문에 이 시기에 받았던 스트레스는 이루 말할 수가 없을 정도였다.

기말고사를 코앞에 두고 있어 정신이 없었는데 갑자기 사장님으로부터 전화가 왔다. 마침 그 유학원에서 사람을 뽑고 있다며 대표님의 번호를 알려 줄 테니 연락을 해서 면접 날짜를 잡으라고 하시는 게 아닌가! 나는 그 상황이 마치 꿈처럼 느껴졌다. 떨리는 마음으로 번호로 전화해 인터뷰를 잡았다. 시험기간이었지만 그게 중요한 게 아니었다.

그렇게 유학원으로 면접을 보러 갔고, 한국에서 학원에서 일한 경험과 캐나다에서 다양한 비자로 있었던 것을 맘에 들어하셨다. 내가 너무 어리진 않을까 걱정되셔서 나이를 물어보셨는데, 내 실제 나이를 들으시곤 깜짝 놀라셔서 서로 당황했다. 면접 내내 뭐에 씐 것처럼 말을 잘했는데 간절함이 있다 보니 긴장감 따위는 개나 줘버리는 상태가 되었나 보다. 면접 끝에 대표님이 내가 맘에 든다고 하시자마자 미소를 띠우며 '저도 대표님이 맘에 드네요. 같이 일하게 되는 거니까 제 의견도 중요하잖아요'라고 말했고 대표님이 아주 크게 웃으시며 내 말이 맞다고 하셨다. 지금 생각해 보면 그 상황에, 그 자리에서 어떻게 그런 말을 할 수 있었는지 의아하지만 결국 면접을 잘 마치고 취업이 되었다.

유학원을 나오자마자 라멘집 사장님께 전화드려 좋은 소식을 전하고 감사하다고 말씀드렸다. 라멘집 사장님은 나와 전화를 끊으시고 다시 대표님께 전화해 감사 인사를 전하셨다고 한다. 끝까지 마음 써주시는 사장님께 정말 감사했다. 여기저기 기쁜 소식을 전했더니 역시나 부모님께서 가장 기뻐하셨다. 덕분에 두 달 일정으로 계획했던 한국 방문은 2주로 줄었고 베트남 여행을 위해 사 두었던 비행기표는 포기해야 했지만 모든 일에는 우선순위라는 게 있으니까 어쩔 수 없었다. 오히려 잘 된 일이 아닌가. 졸업 전에 취업이 되며 유학생활을 성공적으로 마쳤다.

캐나다 동부 여행 일정 추천

토론토 동부 여행을 위한 추천 도시와 일정을 정리했다.
각 도시마다 여행 총일정을 고려하여 머물면 되고, 미국보다는 캐나다 여행에 더 초점을 맞춘 일정이므로 상황에 따라 필라델피아와 뉴욕은 생략 가능.
각 도시마다 숙소의 위치를 고려하여 동선을 짜면 좋다. 추천 일정은 각 도시의 지구(District)를 고려하여 내가 실제로 여행한 일정이다.

01 토론토(3일-5일, 나이아가라 1일 포함)

Day 1 : 그리스 타운(Greek Town) - 세인트 로렌스 마켓 - 하버프런트 - 암스테르담 브루어리 - 수족관(Ripley's Aquarium of Canada) - CN Tower

Day 2 : 크리스티(한인타운) - 배더스트(Bathurst), 스파다이나(Spadina)까지 Bloor길 도보 이동 혹은 city 자전거 - U of T(토론토대학) 캠퍼스 - 켄싱턴 마켓 - 차이나 타운 - 그래피티 앨리(Graffiti Alley) - AGO(수요일 6시 이후 무료입장) - 토론토 시청 앞 광장(Nathan Phillips Square, 토론토 사인이 있는 곳) - 이튼센터(Eaton Centre, 쇼핑몰 토론토 다운타운의 중심지)

Day 3 : 토론토 아일랜드(겨울엔 생략)

Day 4 : 나이아가라 아울렛 - 나이아가라 온 더 레이크 동네 관광 - 나이아가라 폭포 관광

* 차 렌트가 불가할 경우 카지노 버스를 이용하면 저렴하게 폭포까지 갈 수 있다.
* 시간적과 경제적 여유가 있다면 나이아가라 폭포가 보이는 호텔방에서 1박을 추천. 나이아가라는 미국이 아닌 캐나다 방향에서 훨씬 멋있다.
* 아울렛 쇼핑은 모든 일정을 마친 후, 출국 전날을 추천

Day 5 : 입국과 출국을 위해 비움.

02 킹스턴&오타와(1일)

킹스턴(점심) - 천섬 관광(1시간 소요. 크루즈 시간 확인 요망) - 오타와(의회, 바이워드 마켓)

03 몬트리올(1일-2일)

* 가을이라면 오타와에서 몬트리올 가는 길에 몽트랑블랑을 들려서 단풍구경을 하는 것이 좋다.
* 토론토에서 출발하는 여행사 단체 관광 시 성 요한 성당만 들리게 되는데, 몬트리올은 캐나다에서 두 번째로 큰 도시로서 가능하다면 좀 더 머물면서 도시 이곳저곳을 둘러보면 좋다.
* 몬트리올에서 꼭 먹어야 하는 음식 : 푸틴, 스테이크 샌드위치, 베이글, 크레통(Creton)

Day 1 : 성 요한 성당 – 맥길 대학 캠퍼스 – 노트르담 성당 – 구시가지(Old Port of Montreal)

Day 2 : 몽로얄 언덕 – 미술관(The Montreal Museum of Fine Arts) – 몬트리올 시내 관광

04 퀘벡시티(1일–2일)

따로 일정을 짤 필요 없이 퀘벡 시티 내에 구 시가지만 둘러보면 됨. 곳곳에 드라마 도깨비 촬영 장소가 있다.

05 뉴욕(4일–7일)

Day 1 : 첼시 마켓 – 첼시 High Line – 한인타운 – 엠파이어 스테이트 빌딩

Day 2 : Central Park(자전거 대여 1시간 추천) – 카네기홀 – MOMA(금요일 4시 이후 무료입장) – Radio City Music Hall – Rockefeller Center(Top of the Rock 전망대)

Day 3 : Staten Ferry(자유의 여신상을 볼 수 있는 무료 페리) – 월가(Wall Street, 황소) – 9/11 기념관 – Eataly NYC – 브루클린 브리지 – Dumbo 지구

Day 4 : 이태리 타운 – 소호 – NYC Fire 박물관 또는 Children's Museum of the Arts – 미국 시트콤 '프렌즈' 촬영 건물과 SATC 주인공 캐리의 집 – 타임스퀘어(뮤지컬 관람 추천합니다)

Day 5-7 추가 추천 일정 :

Coney Island, 링컨 센터 극장(Lincoln Center Theater)에서 발레 또는 뉴욕 필하모닉 공연 관람, 자유의 여신상, 야구 경기 관람

헬기 투어, 할렘가 투어 혹은 영화, 드라마 촬영지 투어 같은 여행사 일일 관광 상품

* 유명 관광지만 돌아다니는 관광보다는 시간적 여유를 가지고 곳곳에 위치한 작은 카페들, 식당들을 방문하여 시간을 보내는 것을 추천.
* 7일 무제한 교통카드 구입을 추천.
* 관광지 입장 3-5개를 묶어 놓은 City Pass를 추천.

06 필라델피아(1일-2일)

이탈리안 마켓 / 한국전쟁 기념 공원 / 리딩 터미널 마켓 / 전망대(One Liberty Observation Deck)

역사박물관(자유의 종, 독립 홀 등…) / 애드가 앨런 포 집

퀘벡, 뉴욕, 또는 필라델피아에서 토론토로 돌아갈 경우 Pearson 공항(YYZ)이 아닌 시내에 위치한 빌리 비숍 공항(YTZ)을 추천.

4장.

캐나다 유학, 그것이 궁금하다

미국이랑 뭐가 다른가?

나 역시 캐나다에 오기 전까지만 해도 미국과 캐나다… 그게 그거인 줄 알았다. 굳이 다른 점을 꼽자면 캐나다 사람들은 야구보다 아이스하키를 더 좋아한다는 것 정도? 막상 캐나다에 와 보니 미국과 캐나다는 여러 가지로 큰 차이를 가지고 있었다.

– 언어

캐나다 : 공용어는 영어와 불어이며, 미국식 영어와의 가장 큰 차이점은 철자를 꼽을 수 있다.

Centre / Colour / Licence / Cheque/ Dialogue

미국 : 공식 언어를 정하지 않았지만 영어 다음으로 스페인어가 가장 많이 쓰인다.

– 어학연수, 유학 주요 도시

캐나다 : 토론토, 밴쿠버

미국 : 뉴욕, 보스턴, LA, 샌디에이고 등….

– 환율(캐나다와 미국은 화폐가 다르다)

캐나다 달러가 보통 미국 달러보다 싸다.

캐나다에선 1센트를 쓰지 않고 반올림, 반내림을 하는 반면 미국에선 아직도 1센트를 사용하고 있다.

– 생활

캐나다 : 자동차 없이도 대중교통 이용이 편함. 영주권자 이상 전 국민 의료비 무료. 총기 불법(이지만 종종 뉴스에 나옴), 대마초 합법

미국 : 뉴욕을 제외하면 자동차 없이 이동이 불편함. 저소득층을 제외하고 각자 개인 의료보험. 총기 소유 가능, 대마초 일부 주에서만 합법.

캐나다에서 학교를 졸업하면 최대 3년의 워크 퍼밋을 받을 수 있다. 미국에서 학교를 졸업할 경우 취업이 되었다는 가정 하에 1년의 워크 퍼밋을 받을 수 있다.

캐나다의 경우 매년 이민자 수를 늘리려는 계획을 가지고 있다. 반면 미국의 경우 점점 이민이 어려운 추세이다.

밴쿠버 vs 토론토

워홀이든 어학연수든 유학이든 무슨 목적이든 간에 캐나다행을 결정한 사람이 바로 그다음으로 하는 고민은 바로 도시 결정이다. 나 또한 캐나다에 오기 전 밴쿠버와 토론토의 큰 특징을 잘 알지 못해 어떻게 다른지 잘 몰랐는데 막상 캐나다에 와 보니 토론토에 사는 사람들은 밴쿠버를 싫어하고 밴쿠버에 사는 사람들은 토론토를 싫어한다. 물론 모두가 그런 건 아니겠지만….

크기

밴쿠버의 면적은 115 제곱킬로미터이고 인구는 약 63만 명 정도이다. 토론토의 경우 캐나다에서 가장 큰 도시로서 면적은 630 제곱킬로미터이고 인구는 280만이다. 토론토 바로 옆에 동, 서로 위치한 스카보로우(Scarborough)와 미시사가(Mississauga)가 각각 밴쿠버보다 인구수가 많으니, 사실 밴쿠버는 정말 작은 도시란 걸 알 수 있다.

언어

캐나다에서는 퀘벡주에서만 불어를 사용하고 나머지 주들은 모두 영어를 사용하므로 밴쿠버와 토론토 모두 영어를 사용한다. 다만 캐나다의 공식 언어인 영어와 불어를 제외하고 가장 많이 쓰이는 외국어는 두 도시가 다른데, 밴쿠버는 인도 지역 언어인 푼자비(Punjabi)와 광동어(Cantonese)가 주를 이루고 토론토는 이탈리아어와 광동어가 주를 이루고 있다고 하는데 이탈리아 사람들을 많이 보지는 못 했다. 체감상 밴쿠버엔 중국인이 많고 토론토엔 인도인이 많은 것으로 느껴지긴 한다.

날씨

바로 이 날씨 때문에 밴쿠버와 빅토리아 지역이 특히 이민자들이나 은퇴 연령층에게 인기가 높은데, 레인쿠버라는 별명이 있을 만큼 비가 자주 오지만 사실 겨울에도 춥지는 않다. 반면 토론토는 겨울이 길고 추운데 11월부터 4월까지가 겨울이라 생각하면 되고 눈이 많이 오며 햇빛이 별로 없다. 근데 이 추위는 기온은 낮지만 건조하기 때문에 추우면서 습한 한국보다 덜 춥게 느껴진다는 것이 개인적인 의견. 최근엔 기상 이변으로 벤쿠버에 엄청난 폭설이 내리기도 했다.

성향(도시 분위기)

벤쿠버에 사는 친구의 아는 동생이 토론토에 놀러 왔는데 사람들이 다들 바쁘고 여유가 없어 보인다며, 자신은 역시 벤쿠버가 맞는 것 같다는 말과 함께 떠났다고 한다. 흔히들 미국의 서부와 동부를 생각할 때 떠올리는 이미지, 즉 LA 지역은 날씨도 좋고 사람들이 여유가 있는 반면 뉴욕은 인구도 빌딩도 많고 바쁘게 돌아가는 도시의 이미지가 캐나다에도 거의 적용된다. 나 또한 벤쿠버에서 약 5개월을 지내고 나자 이 말에 공감이 갔다. 밴쿠버를 포함한 서쪽 지역은 날씨가 온화하고 바다가 있어 여유롭고, 인구의 평균 연령 또한 토론토에 비해 높은 편이지만 토론토 같은 경우는 여름은 덥고 겨울은 추운 이분법적 계절이 삶에 그대로 녹아 있으며, 바쁘게 사는 만큼 열정적이다. 아무리 그래도 서울, 뉴욕보다야 덜 정신없고 바쁘다.

얼마 전 인터넷에서 어떤 팟캐스트가 동부와 서부의 차이를 설명하는 영상을 봤는데 너무 공감이 가 주변 사람들에게 공유했다.

서부 사람들 : 나이스 하지만 착하진 않음

동부 사람들 : 착하지만 나이스 하지 않음

그 분이 언급한 예시로는 만약에 당신의 차에 타이어가 터져 있으면 서부 사람들은 나이스 하게 '괜찮냐', '어떡하냐'라는 말을 건네주지만 정작 도와주지는 않는다. 반면 동부 사람들은 욕을 하며 '대체 너의 문제가 뭐야!', '여기서 18 이러고 있으면 어떡해!'라고 하면서 연장을 가지고 와 타이어를 교체해 주고 떠난다고 한다.

생활비

밴쿠버의 렌트, 즉 방값이 터무니없이 비싸기로 유명했던 때가 있었다. 하지만 이 것은 다 옛말일 뿐. 토론토의 렌트비가 최근 몇 년 동안 기하급수적으로 올라가면서 현재는 토론토의 렌트비가 밴쿠버보다 비싼 편이다. 더군다나 혼자 저렴하게 살기에 안성맞춤인 셰어 아파트의 작은방은 높은 경쟁력 탓인지 좀처럼 구하기가 쉽지 않다. 물가는 비슷한 편인데 굳이 차이점을 찾자면 밴쿠버의 경우 지역 카페나 식당들이 많은 편이고 토론토의 경우 프랜차이즈 카페, 식당들이 많은 편이다.

내가 생각하는 밴쿠버의 장점은 첫째는 시애틀과 가깝다는 점, 두 번째는 덜 춥다는 점, 세 번째는 신선한 해산물이 있다는 점이다.

반면 내가 생각하는 토론토의 장점은 첫째는 보다 더 다양한 사람들이 모여 산다는 점(작은 뉴욕 같은 느낌), 두 번째로는 다양한 종목의, 규모가 큰 스포츠 팀들이 있다는 점, 마지막으로는 퀘벡주나 서유럽과 가깝다는 점이 있다.

현지에서 Speaking 느는 법

영어권 국가에 가서 산다는 것은 마치 영어로 이루어진 세상에 내가 들어가는 것이기 때문에 환경의 영향이 중요한 인간으로서 영어를 배우기 위해 이보다 더 좋은 환경은 없을 것이다. 그렇기 때문에 다들 비싼 돈을 투자해서 영어를 배우기 위해 한국을 떠나는 것인데, 사실 이곳에서 마치 한국에서 사는 것처럼 사는 한국인들을 많이 봤다. 물론 그들의 선택이겠지만 그렇게 생활해 놓고선 '저는 왜 영어가 안 늘까요?'라고 묻는다면 나로서는 답답한 노릇이다. 한국에 있는 게 아니라 영어권 국가에서 살기 때문에 할 수 있는 나만의 '현지에서 스피킹 늘리는 법' 노하우가 있다. 내 경험을 바탕으로 한 지극히 개인적인 의견이다.

첫째, 공공장소에서 귀를 열자

버스나 지하철, 혹은 카페에 혼자 앉아 있을 때 이어폰을 끼고 음악을 듣거나 친구와의 대화에 푹 빠져 핸드폰만 들여다보고 있는 사람들이 많다. 물론 심심하진 않겠지만 한 번만이라도 고개를 들고 주위를 둘러보자. 주변에 대화를 나누고 있는 현지인들이 있을 것이다. 그들이 어떻게 말하는지, 어떤 식으로 대화를 이어 나가는지 주의해서 들어보자. 얘기를 들으며 그들의 관계가 무엇일지 생각해 보는 것도 좋은 방법이다. 단, 개인 사생활이 있으니 너무 엿듣지는 말자.

둘째, 영어로 혼잣말을 해보자

굳이 입 밖으로 내뱉는 혼잣말이 아니라 혼자서 이런저런 생각을 할 때, 그 생각을 영어로 해보자. 분명 막히는 부분이 있을 것이다. 그럼 기억했다가 친구나 선생님에게 물어보면 된다. 본인이 말하려고 했는데 말하지 못한 답답함이 있었기 때문에 오래 기억에 남는다. 친구를 만나러 가는 길에 친구를 만나자마자 무슨 얘기를 해줄 것인지 머릿속으로 한번 연습을 해본다. 아무도 내 말을 듣고 있는 중이 아니기 때문에 천천히 문법과 어순을 생각하며 문장을 만들어 볼 수 있다.

셋째, 들린 대로 말해보자

한 마리의 앵무새가 된 것처럼 현지인들이 말하는 그대로 따라 해 보자. 말을 하는 데 있어 문법, 어순, 발음만큼 중요한 것이 강세와 억양인데 이것은 아무리 그 단어를 뚫어지게 쳐다봐도 익힐 수가 없다. 그리고 이 점이 바로 현지에서 살아 있는 영어를 배울 수 있는 최고의 장점 중 하나이다. 원어민들이 말하는 문장 전체를 그대로 기억했다가 나중에 꼭 써먹어 보자. 듣고 기억했다가 말하면 그 문장은 완전히 내 것이 된다.

넷째, 리액션이 중요하다

대화를 할 때 리액션이 중요한데, 아시안 학생들은 소극적으로 가만히 듣고 있는 경향이 있다. 우리도 대화를 할 때 '응', '아 진짜?', '대박'등의 적절한 추임새를 넣지 않는가. 영어도 마찬가지다. 게다가 아무 반응 없이 듣고만 있으면 점점 말을 걸지 않게 될 것이다. 현지인들처럼 적극적으로 리액션을 하며 반응을 보여주자. 심지어 못 알아 들었을 경우에도 적당히 맞장구 쳐주고 넘어가면 더 대화를 하면서 이해가 가는 경우도 있다. 중간에 못 알아듣는 말이 있어도 대화를 길게 이어 나가는 것이 더 중요하므로 연기력을 키워보자.

다섯째, 술을 마시자

체내에 알코올 분해 능력이 없는 사람들은 시도하지 못할 방법이지만 나의 숨겨진 진짜 꿀팁이다. 나를 쳐다보는 파란 눈이 부담스러워서, 문법을 다 틀리면서 말할까 봐, 내가 하는 말을 이 외국인이 못 알아들을까 봐, 친구들이(특히 주변에 있는 다른 한국인들이) 내 발음을 듣고 비웃을까 봐 등…. 다양한 이유로 우리는 소심해진다. 이런 소심한 마음을 풀어줄 수 있는 것이 바로 알코올! 적당히 취하면 술기운 때문에 평소에는 없었던 자신감이 폭발한다. 비록 틀리더라도 주절주절 말하다 보면 어느새 덜 틀리며 말하는 자기 자신을 발견하게 될 것이다.

어학원 고르는 법

아주 어릴 적 친구 따라 강남에 있는 한 유학원을 간 적이 있다. 단기 어학연수라고 해도 결정할 것이 한두 개가 아니었는데 뉴질랜드, 캐나다, 영국, 호주 중에 어느 국가로 갈 것인지 정하고 나자 이번에는 어느 도시로 갈 것인지 정해야 했다. 한 번도 가보지도 않은 곳을 설명만 듣고 결정해야 했는데 마치 어학연수의 성패가 달린 것만 같아 쉽게 결정할 수가 없었다. 결코 적지 않은 돈이 걸린 일이니 만큼 결정은 더욱 신중해졌다.

어렵사리 도시를 정하고 나니까 더 큰 관문이 남아 있었는데 그것은 바로 어학원을 정하는 일이었다. 도대체 왜 어학원은 그렇게 많고 이름은 죄다 똑같아 보이는지…. 너무나 많은 선택지 앞에서 결국 어떠한 결정도 하지 못한 채 유학원을 나와 밥을 먹으러 갔던 기억이 있다.

나는 캐나다에 와서 어학원을 다닌 적이 없지만 졸업 후 유학원에서 일을 하며 어학원마다의 특징과 장단점을 알게 되었고, 그때 강남의 한 유학원에서 우리가 느낀 당혹감을 다른 학생들은 느끼지 않게 해 주기 위해 최선을 다했다. 그래서 어학원을 결정할 때 고려해야 하는 몇 가지 사항들을 적어본다.

어학원을 다니는 이유, 궁극적인 목표는?

통번역이나 테솔(TESOL) 수업을 들으려는 경우에는 제공하는 학원이 많지 않으므로 선택의 폭이 단숨에 줄어든다. 주로 2-3개 학원이 이러한 프로그램들을 운영 중인데, 그중에서는 학원의 위치와 학비를 고려하여 결정하면 된다.

컬리지 진학을 위한 Pathway 프로그램을 수강하려는 경우에는 본인이 진학하고 싶은 College를 먼저 정해야 한다. 각 어학원마다 연계된 학교가 다르기 때문. 만약 본인의 어학원과 가고 싶은 학교가 연계되어 있지 않다면 기껏 pathway를 마치고 아이엘츠나 토플 시험을 봐야 하는 경우가 생길 수도 있으니 미리미리 확인해야 한다. 학원에 따라 일정 레벨이 될 경우 College로 넘어갈 수 있는 레벨(level) 시스템도 있고, 일정 레벨이 되면 2-3개월의 Pathway 과정을 수료해야 College에 갈 수 있는 program 시스템도 있는데 본인에게 더 맞는 쪽으로 결정하면 된다. 물론 이러한 프로그램 자체가 없는 학원들도 있다.

영어 실력을 전반적으로 향상하고 싶은 경우라면 여전히 선택이 어렵다. 수많은 학원 중에서 선택의 폭을 조금도 줄

일 수가 없기 때문인데 이 경우에는 다음의 사항들을 고려해 봐야 한다.

어학원의 위치

주로 어학원들은 몰려 있다. 토론토의 경우 중간 지역, 즉 Mid Town인 에글링턴에 어학원들이 있고, 규모가 가장 큰 어학원이 Yonge and Bloor 즉 지하철 두 개의 노선이 만나는 다운타운의 시작점에 위치해 있으며, 가장 많은 어학원들이 다운타운에 몰려있다.

어학원의 경우 학교나 직장처럼 꼭 가야 한다는 생각이 아무래도 덜 하기 때문에 많은 학생들이 자주 지치고 마음이 해이해진다. 이때 학원이 멀다면 더 가기 싫어지는 것은 당연한 일. 수업 시작은 보통 아침 9시인데 집이 학원과 먼 경우에는 그만큼 결석이 잦아진다. 많은 학생들이 초반에는 홈스테이를 많이 하게 되는데 홈스테이 가정은 주로 외곽에 위치해 있어 주로 1시간에서 1시간 반 정도의 통학 시간이 필요하다. 대중교통을 이용하여 어디쯤 위치한 학원이 최상의 조건인지 미리 고려하는 것이 좋다. 아니면 다른 사항들을 고려해 어학원을 먼저 정한 후 가까운 곳에 숙소를 정하는 것도 좋은 방법이다.

학비

물가가 오르므로 학비 또한 매년 오른다. 학원마다, Program마다 학비가 다 다른데 일반적인 영어 수업의 경우 4주에 $1,100 - $1,500 정도이고 College 진학 프로그램인 Pathway 과정의 학비가 제일 비싸다. 거의 모든 어학원에선 다양한 할인 이벤트를 진행하므로 학원을 등록하고자 하는 시기에 어떤 프로모션이 있는지 확인해 보는 것이 좋다. 유학원을 통해 어학원을 등록할 경우에 거의 대부분의 유학원에서 학비를 추가 할인해주므로 이 점 또한 놓치지 말자!

국적비율&어학원의 규모

어학원을 고르는 데 있어 많이 따지는 부분 중 하나가 바로 국적비율이다. 적지 않은 금액의 돈을 내고 먼 곳까지 왔는데 같은 한국 학생들만 바글바글 한 학원에서 공부하고 싶지 않은 마음이 들기 때문인데 학생들의 국적 비율은 어학원의 규모와 반드시 비례하진 않고 시기에 따라 조금씩 변한다. 유학원을 통해 어학원을 등록할 경우에는 대부분 한국 학생 비율이 높은 학원으로 가게 된다. 본인을 포함해 다른 학생들 모두 그 학원을 추천받았기 때문. 한국에 잘 알려진 어학원과 상대적으로 유명하지 않은 어학원은 분명 존재한다.

어학원의 규모 또한 고려해야 하는 이유는 본인의 영어실력에 맞게 배정된 반의 선생님이나 학생이 마음에 들지 않을 경우 같은 레벨(level)의 다른 반으로 이동할 수 있는지가 상황에 따라 중요할 수 있기 때문이다. 만약 어떤 문제가 있어 반을 바꿔야 할 때 다른 반이 존재하지 않는다면 다른 level로 가거나 학원 수강 자체를 취소해야 하는 상황도 생긴다. 아주 작은 어학원의 경우 이민국에서 교육기관으로 인정하는 번호, 일명 DLI Number가 없는 학원도 많은데 이 경우에는 학생비자를 발급받을 수 없으니 주의해야 한다. 또한 작은 어학원의 경우에는 검증되지 않거나 경험이 별로 없는 사람들이 수업을 진행하는 경우도 있는데 우리가 한국인이라고 해서 아무나 외국인들에게 한국어를 가르칠 수 있는 게 아니듯이 영어도 마찬가지이므로 주의해야 한다.

유학원이 추천하는 어학원?

유학원이 추천하는 어학원을 등록할 경우 장점은 어학원으로 직접 등록하는 것에 비해 학비 할인을 받을 수 있는 점과 어느 정도 규모가 있고 수업 내용의 질이 보장된 학원일 가능성이 크다는 점등이 있다. 단점으로는 앞서 말했듯이 한국 국적의 학생들이 많은 학원일 수 있다는 점. 또한 유학원에 따라 본인들이 챙기는 수수료가 높은 학원을 무조건적으로 추천하고 등록시키는 경우도 있으니 주의해야 한다.

내가 유학원과 어학원에서 일할 때 항상 아쉬웠던 점은 많은 학생들이 본국에서 어학원을 등록하고 온다는 것이었는데, 학생비자를 받아야 하는 경우에는 어쩔 수 없이 학원 등록을 우선 해야 하지만 그렇지 않은 경우, 예를 들어 워홀이나 관광비자의 경우 미리 학원을 등록할 필요가 없기 때문에 일단 현지에 온 후 어학원에서 직접 1시간 정도의 무료 Trial(청강수업)을 들어보는 것이 좋다. 어학원을 등록하고 현지에 와서 실망하는 경우가 꽤 있는데 짧은 기간을 등록하고 왔다면 괜찮겠지만 5개월 이상의 긴 기간을 등록하고 왔다면 남은 기간을 억지로라도 다녀야 하는 것은 본인의 몫이다. 게다가 대부분의 어학원들은 학비를 거의 환불해주지 않으며, 왜 설명한 것과 다르냐고 유학원에 항의해도 상황은 바뀌지 않는다.

캐나다 유학 오지 마세요

내가 뭐라고 어학연수나 유학을 '와라, 오지 마라' 하겠냐마는 캐나다에 살면서, 상황상 많은 어학연수생과 유학생들을 보면서 '이럴 거면 여기 왜 왔을까' 싶은, 도저히 이해할 수 없는 유형의 사람들을 가끔 보았다. 내 동생이라면 절대 이러지 말았으면 하는 마음에서 몇 자 적어본다.

첫째. 영어를 단 한마디도 못하는 사람

꼭 영어가 유창해야지만 영어권 국가에 와서 사는 것은 아니다. 나 역시 영어를 잘하는 게 아니었지만 이곳에 와서 어학원도 다니지 않고 몸으로 부딪혀가며 배우지 않았던가. 하지만 영어를 단 한마디도, 정말 기본적인 문법조차도 모르는 사람들이 간혹 있다. 이 경우에 돈이 아주 많다면 상관없지만 경제적으로, 또 시간적으로 여유가 있는 게 아니라면 갑작스러운 외국행은 뜯어말리고 싶다. 마음먹으면 한국에서 얼마든지 기초 영어를 탄탄하게 배울 수 있다. 그 편이 돈도 시간도 절약하는 방법! 어느 정도의 실력은 쌓고 현지에 와야 영어가 금방 늘 것이다.

둘째. 유흥을 지나치게 좋아하는 사람

이곳에서 소주는 한국에서보다 5배 정도 비싼 편이다. 본인이 만약 소주 없이 못 사는 사람이라면 생활비가 많이 들 터. 가끔 한인타운에 가면 정말 많은 어린 학생들이 술을 마시고 노는 모습을 볼 수 있다. 물론 술을 좋아하는 것이 문제가 되진 않는다. 현지인들이나 다른 국적 학생들과 술을 마시고 어울려서 놀다 보면 친구도 사귀고 영어도 늘 것이다. 하지만 내가 말하는 사람들은 거의 매일 한국 술집에만 가는 사람, 술 마시고 노느라 다음 날 학원이나 학교를 가지 않는 사람, 친목도모가 아닌 오직 이성을 찾기 위한 술자리를 자주 갖으며 한국이 아닌 외국에서 사는 '자유로움'을 즐기려는 목적만 있는 사람 정도라고 할 수 있겠다.

놀기엔 한국만큼 좋은 나라가 없다. 음식도 술도 맛있고 저렴하며, 술집도 클럽도 늦게까지 열고, 심지어 해장을 위한 24시 음식점이나 편의점도 많지 않은가. 하지만 캐나다는 한국이 아니다. 법적으로 정해진 곳에서만 술을 팔 수 있으며 술집과 클럽은 보통 2시가 넘으면 문을 닫는다. 실제로 '도저히 심심해서 못 살겠다'며 한국으로 돌아가는 학생들도 많이 봤다. 유흥을 정말 좋아하는 사람이라면 캐나다에 오는 것이 시간낭비, 돈 낭비가 될 것은 물론이거니와 결국엔 아무것도 얻지 못한 채 이 '심심한' 땅을 떠나게 될 것이다.

셋째. 포용력이 부족한 사람

캐나다는 다문화, 다인종 국가이다. 정말 다양한 사람들이 다양한 경험과 배경을 가지고 함께 살고 있다. 만약 본인이 본인의 사고방식만 고집하는 사람이라던가 지나치게 한국식만 고집하는 사람이라면 그냥 계속 한국에서 살기를 바란다. 캐나다는 동성 결혼이 합법이며 우리나라와 비교해 훨씬 많은 사람들이 자신들의 성 정체성을 떳떳하게 공개하고 인정받는다. 동성애를 인정하라고 말할 수는 없겠지만 그렇다고 그들을 인정하지 않고, 배척하고 비판할 수 있는 자격 또한 없음을 꼭 말해주고 싶다.

특정 종교나 특정 인종의 사람들을 폄하하는 사람들도 마찬가지다. 본인이 조금이라도 이러한 인종 차별적인 생각을 가지고 있다면 어디 가서 입 밖으로 말하지 말자. 본인만 이상한 사람, 덜 교육받은 사람이 될 것이다.

넷째. 혼자서 아무것도 못하는 사람 / 극도로 내성적인 사람

본인이 굉장히 의존적인 성향이거나 모르는 사람과는 말 한마디 못하는 내성적인 성격이라면 캐나다는 당신을 위한 나라가 아니다. 물론 유학원을 통해서 오는 경우에는 정착을 위해 유학원의 도움을 받을 수는 있겠지만 그들이 모든 문제를 해결해 주고, 친구를 소개해주지는 않는다. 길을 잘 못 찾는다면 어플을 이용하면 되고, 영어실력이 부족하다면 번역기가 있다. 아무 말 없이 가만히 앉아 있기만 하면 아무도 본인에게 다가와 먼저 말 걸어주지 않을 것이다. 물론 의존적이거나 내성적인 본인의 성격을 바꾸겠다 독하게 마음먹고 온다면 두 팔 벌려 환영이다. 나 역시 나 자신을 바꾸고 싶어 캐나다로 가는 비행기에서 '그 전의 나는 죽었다'라고 굳게 다짐했었으니까….

다섯째. 엄청난 환상이 있는 사람

물론 캐나다에서의 삶에 기대를 갖고, 환상을 가질 수 있다. 문제는 환상이 크면 클수록 실망이 크다는 데 있다. 결국 사람 사는 것은 다 똑같은데 실망이 클수록 적응하고 사는 게 힘들어진다. 나 역시 내가 생각했던 캐나다와 막상 와서 살고 느낀 캐나다는 전혀 달랐다. 일하면서 만난 한국인 오빠는 캐나다에서의 삶이 한국에서 처럼 바쁘고 정신없을 줄 오기 전에는 상상도 못 했다고 했다.

어학연수에 비해 상대적으로 기간이 긴 유학이나 이민 같은 경우에는 생각보다 긴 시간 동안 철저하게 혼자서 버텨야 한다. 가끔은 한없이 외롭고 감정이 바닥 밑까지 내려가기도 하는데 한국에선 상상도 못 했던 경험이나 감정을 겪게 된다. 모국이 아닌 다른 나라에서 산다는 것은 어느 나라던지 간에 힘들고 외롭고, 향수병이 안 생길 수 없는 것이겠지만 캐나다는 한국과 거리도 멀다. 물론 한국으로 가는 직행 비행기가 있는 것은 다행이지만 말이다.

대중교통은 오래됐고 느리며, 툭 하면 멈춘다. 모든 서비스가 한국처럼 빠르고 정확하지 않다. 심지어 은행에서도 실수를 해 잘못된 액수가 입금되기도 하며 정부기관과 관련된 업무는 더 느리다. 잘못된 점을 수정하고 항의하는 것도 꽤 스트레스 받는 일이다.

겨울엔 생각보다 눈이 많이 오고 햇빛이 없어 비타민D는 선택이 아니라 필수다. 생활비의 상당 부분을 차지하는 렌트(월세)는 터무니없이 비싸다. 숨만 쉬어도 돈이 나간다는 게 뭔지 제대로 느낄 수 있다. 이것저것 생활비와 높은 물가 때문에 생각만큼 돈을 모을 수 있지도 않다. 결정적으로 드라마에서 봤던 캐나다의 이미지는 오직 퀘벡시티(Quebec City)에서만 볼 수 있다. 한국에 있는 우리 동네가 단풍이 더 많다.

어학연수의 경우 캐나다에서 몇 달 지내면 영어를 엄청 잘하게 될 것 같은 환상을 가진 사람들도 있다. 이 경우에는 외국인이 한국에 와서 몇 달 산다고 한국어를 유창하게 할 수 있는지, 모든 사람들이 영어권 국가에서 몇 달 살고 원어민 수준의 영어를 구사할 수 있는 일인지 생각해 보자.

캐나다에서 순대 먹기(한인타운)

지금에 와서야 하는 얘기지만 사실 캐나다에 오기 전에 내가 가장 걱정했던 부분은 낯선 문화에 적응하는 것도 아니고, 부족한 영어실력으로 일을 구해야 하는 것도 아닌 '과연 순대를 어떻게 먹을 것인가'였다. 지금은 더 이상 그렇지 않지만 그때 당시에 나는 가끔씩 순대가 먹고 싶어 미쳐버릴 것 같은 순간들이 많았다. 나는 철분이 부족하다는 이유로 지금까지 단 한 번도 헌혈을 할 수가 없었는데 내 몸에 철분이 심각하게 부족할 때마다 순대가 생각났던 것은 아니었을까 추측하고 있다.

무튼 다시 본론으로 돌아와서 캐나다에서 순대를 먹을 수 있을까? 정답은 예스! 한인마트에 가면 냉장 포장된 순대를 살 수 있고 한식당에 가면 순대, 순대 볶음, 순댓국 메뉴를 판매하고 있다. 그렇다면 캐나다에서 어디를 가야 한인마트와 한식당에 갈 수 있을까? 한인타운(Koreatown)이 아닌 다운타운 지역 곳곳에도 한인 슈퍼와 한식당, 퓨전 한식당들이 많이 생겼다. 이런 곳들은 접근이 용이한 대신 가격이 상대적으로 비싸거나, 물건이 다양하지 않거나 혹은 맛이 기대 이하 일 수도 있다. 그렇기 때문에 현지에서 사는 한국인들은 조금 외곽으로 나가더라도 한인타운에 가는 것을 선호한다. 특히 나처럼 순대가 목표인 경우에는 더더욱 한인타운으로 가야 한다.

토론토의 경우에는 크게 두 개의 한인타운이 있다. 하나는 다운타운 지역이자 지하철 Green 라인에 있는 크리스티(Christie), 다른 하나는 업타운 지역이자 Yellow 라인의 끝에 있는 핀치(Finch). 크리스티 한인타운의 경우 크리스티역부터 배더스트(Bathurst) 역 부근까지 위치해 있고, 꽤 오래전에 생겼기 때문에 오래된 분식집 느낌이 물씬 난다. 보통은 한 식당에서 다양한 메뉴를 파는데 최근 들어 특정 메뉴에 특화된 떡볶이집, 불닭집, 고깃집이 생겼다. 반면에 핀치 지역의 한인타운 같은 경우에는 쉐퍼드(Sheppard) 역부터 지하철 종착역인 핀치를 지나 놀스욕(North York) 지역까지 아주 크게 이루어져 있으며 한인마트나 식당뿐만 아니라 안경점, 당구장, 노래방, 약국, 카페 등 다양한 한국식 가게들을 볼 수 있다. 또한 굉장히 많은 수의 한국인들이 모여 살고 있어 마치 한국에 온 것 같은 느낌이 든다. Finch 역에 위치한 스타벅스에서는 가끔씩 K-pop을 틀 정도다. 하지만 차가 없다면 이동하기 불편하니 참고할 것.

밴쿠버의 경우에는 코퀴틀람이라고 하는 지역에 한인타운

이 위치해 있으며 로히드(Lougheed) 역으로 가면 된다. 한남 슈퍼마켓과 한아름 마트를 중심으로 상권이 형성되어 있으며 분위기가 토론토의 핀치 한인타운과 비슷하다.

이곳에서 가장 한국이 그리울 때는 죄송스럽게도 부모님이 보고 싶을 때가 아니고 싸고 맛있는 한국 음식이 먹고 싶을 때이다. 이곳에서 한식은 한국처럼 맛있지도, 다양하지도, 저렴하지도 않다. 물론 한국 외식비가 많이 오르긴 했지만 이곳이랑은 차원이 다른 이야기다. 캐나다에서 순대를 먹을 수 있나요? 네. 한국처럼 맛있나요? 시장에서 파는 순대 같은 순대도 있나요? 1인분에 4-5천 원인가요? 아니요, 아니요, 아니요!

친구를 사귀는 방법

유학원에서 일할 당시에 많은 학생들로부터 들었던 질문 중 하나가 이 곳에서 어떻게 친구를 사귀냐는 것이었는데, 나의 경우에는 한 번도 어떻게 친구를 사귀는지 굳이 생각해 본 적이 없어서 바로 대답하지 못하고 당황했던 기억이 있다.

친구를 사귀는 가장 확실하고 쉬운 방법은 사실 어학원을 다니는 것이다. 계속 새로운 학생들이 새로 들어오고 또 반도 바뀌므로 다양한 친구들을 사귈 수 있다. 하지만 파티도 많고 친구의 친구를 만나 다 함께 노는 경우가 많기 때문에 굳이 어학원을 다니지 않아도 어렵지 않게 친구를 사귀고 인맥을 넓힐 수 있다. 나는 캐나다에 와서(주로 워홀러이던 시절에) 어떻게 친구를 사귀었는지 생각해 보았다.

하나. 봉사활동 하기

토론토나 밴쿠버 같은 대도시에는 크고 작은 축제, 행사들이 많이 열린다. 인터넷을 이용해 발품이 아닌 손품을 조금만 팔면 다양한 봉사활동들을 찾을 수 있다. 주말 동안 하루, 이틀 열리는 축제의 봉사활동보다는 조금 더 긴 시간 열리는 축제, 봉사자들끼리 그룹을 나누어 함께 진행하는 축제, 혹은 지역 사회에서 하는 봉사활동 등이 친구를 사귀기 좋다.

둘. 수업 듣기

내가 일주일 동안 바텐딩 수업을 들었던 것처럼 무언가를 배우면서 함께 수업을 듣고 있는 사람들과 친해질 수 있다. 예를 들어 운동을 하고 싶다면 1:1 요가 수업이나 헬스장을 등록하는 것이 아닌(물론 헬스장에서도 친구를 사귈 수는 있겠지만….) 그룹으로 진행되는 살사, 힙합댄스 같은 수업을 추천한다.

셋. 파티 자주 참석하기(친구의 친구)

어떤 식으로든 친구를 사귀게 되었으면 그 친구의 친구들도 쉽게 만날 수 있다. 우리가 생각하는 파티는 뭔가 성대하고 특별해 보이지만 사실 집에 친구들을 초대해 함께 노는 것도 파티다. 생일 같은 특별한 날 뿐만 아니라 아무 이유 없이 친구들을 초대해 식당에 가서 저녁을 함께 먹거나 술집에 가서 술을 마시거나, 혹은 볼링이나 당구를 칠 수도 있다. 이 경우 초대받은 사람이 본인의 친구를 데리고 갈 수도 있다. 주최자는 몇 명 정도가 참석할 것인지 알아야 하기 때문에 미리 주최자에게 말해주면 '나는 걔를 모르는데 왜 데려와?'라고 말하는 사람은 없다. 친구들에게 파티나 모임이 있으면 나를 데려가 달라고 미리 말해두는 것도 좋은 방법이다.

넷. 모임 나가기(meetup)

밋업 이란 이름의 사이트(&어플)가 있다. 2002년 생긴 이 사이트는 같은 흥미를 가진 사람들끼리 만나서 취미를 공유할 수 있게 해주는 사이트인데, 우리나라 포털 사이트들의 '카페'와 그곳에서 진행하는 '정모'와 비슷하다고 생각하면 된다. 나라와 지역을 설정하고 본인이 흥미 있는 분야의 모임에 가입을 한 후, 그 모임에서 진행하는 이벤트에 참석하면 된다. 이벤트에 따라서 소정의 참가비를 내야 하는 경우도 있지만 그 이벤트를 통해 수익을 남기려는 것이 아니기 때문에 전혀 비싸지 않다. 정기적으로 참석하는 고정 회원들이 있지만 새로운 사람들이 계속 합류하기 때문에 겁먹지 말고 나가보자.

다섯. 카우치서핑(Couch-surfing)

여행자들을 위한 온라인 사이트인데 어플도 있다. 원래는 여행자들을 위해 남는 카우치(소파)를 공짜로 제공해주고 문화 교류를 하는 것이 목적인데 에어비앤비가 생기면서 인기가 주춤해져 배낭여행자들을 재워주는 사람들을 찾기가 힘들어졌다. 안전의 문제도 있어 숙박은 추천하지 않지만 매주 정기적으로 열리는 Weekly meetup과 Hang out 기능을 추천한다.

우선 위클리 밋업 같은 경우에는 그 도시에 사는 사람들과 여행을 하고 있는 사람들이 참석하는 모임으로 도시마다 횟수나 요일이 다른데 주로 주 1회 열리며 참가비는 따로 없다. 위클리 밋업뿐만 아니라 보드게임, 요가, 영화보기, 당일치기 여행 가기 등 다양한 목적을 가진 밋업들이 날짜별로 정리되어 있어 여행을 가서도 사람들과 어울리기 좋다. 어플을 다운로드 한 후 행아웃 기능을 켜면 내 주변에 다른 이용자들을 확인할 수가 있는데 메시지를 보내 연락을 한 후 만날 수 있다.

나는 토론토에서 카우치 서핑을 통해 유럽인 친구들을 사귀었고, 이 친구들을 보고자 유럽에 2주 정도 여행을 간 적이 있었다. 친구들 덕에 악명 높은 유럽의 숙박비를 아낄 수 있었고 그 도시를 더 잘 이해하고 즐길 수 있었다. 내가 혼자 여행을 즐기는 이유 또한 함께 여행하는 다른 사람 때문에 일정을 바꿀 필요 없이 내 일정에 맞게 카우치 서핑을 통해 만난 사람들과 그때그때 어울리며 함께 다니면 되기 때문인데 실제로 좋은 인연들을 많이 만났고 덕분에 소중한 여행 경험을 얻을 수 있었다.

어디서 잘까?

낯선 도시에 갈 때, 그것이 고작 하루 이틀의 여행이나 출장이라 하더라도 가장 먼저 해결해야 할 것은 단연 숙소일 것이다. 좋은 숙소를 잘 구하면 전체 여행이 즐겁지만 반대로 숙소가 맘에 들지 않거나 잠을 설치게 되면 여행을 망칠 수도 있다. 대부분의 학생들은 부모님과 함께 살다가 처음으로 자기 자신을 위한 방을 구해야 하고 또 여기 문화나 암묵적인 규칙을 잘 모르기 때문에 방 구하는 것이 막막하고 쉽지 않게 느껴진다.

사실 이 '방'과 관련하여 숙소 형태, 구하는 법, 나의 에피소드 등…. 하고 싶은 말이 많지만 간단하게 정리해 본다.

우선 거주 기간이 짧을수록, 나이가 어릴수록 "홈스테이"에서 지내는 경우가 많은데 홈스테이란 매달 정해진 방값과 음식값을 지불하고 캐네디언 가정에서 함께 지내는 것을 말한다. 주로 하루에 2끼나 3끼를 먹기로 미리 정하고 들어가게 되며 빨래와 방청소도 제공된다. 대부분의 학생들이 유학원이나 어학원을 통해 홈스테이 가정을 찾게 되는데 백인 가정보다 필리핀계 캐나다인 가정의 비율이 많고 지역 또한 다운타운보다는 외곽 거주지역에 많다.

거의 대부분의 워홀러들이나 유학생들은 홈스테이가 아닌 본인이 직접 방을 구해서 사는 일명 '룸 렌트'를 하는 경우가 대부분인데 이 경우에는 보증금과 매달 방값만 내면 되고 음식, 빨래, 청소는 모두 직접 해결해야 한다. 토론토의 경우엔 주로 한 달치 방값을 보증금으로 미리 내게 되며 이는 이사를 나갈 경우에 마지막 달 방값으로 쓰이게 된다. 밴쿠버의 경우엔 한 달치의 절반에 해당하는 값을 보증금으로 내는 경우가 많다. 룸렌트는 집주인과 사전에 따로 얘기가 없는 한 무조건 한 달 기준이며 이사를 나갈 계획인 경우 최소 한 달 전에는 미리 얘기해주어야 한다.

집의 형태에 따라 하우스, 아파트, 콘도로 나뉘는데 하우스는 우리가 생각하는 지붕이 있는 집 건물, 아파트는 말 그대로 아파트인데 대부분 한국보다 층 수가 낮고 콘도보다 상대적으로 오래된 건물이다. 콘도는 층수가 높은 최신 건물로 그 안에 각종 편의 시설이 있어 방 값이 가장 비싸다. '룸 렌트'는 개인 방을 갖는 대신 화장실과 주방은 함께 사는 사람들과 공유하는 형태이며 아파트나 콘도 같은 경우에는 거실을 방처럼 꾸며놓고 사는 경우도 있다. 이는 '거실 렌트'라고 부른다.

'배출러', '스튜디오'는 우리가 생각하는 원룸, 즉 방이 따로 없는 형태이며 방이 1개가 있을 경우는 '원배드룸'이다. 방이 두 개 이상일 경우 화장실이 함께 있는 방은 '마스터 배드룸'이라고 부른다. 화장실이 없는 일반 방은 '세컨룸'이다. '덴'은 콘도에만 있는 개념인데 거실에 방처럼 있는 공간으로 원래는 문이 달려 있지 않지만 편의를 위해 문이나 커튼을 달아놓고 방처럼 쓰기도 한다. 이 경우 방보다는 렌트비가 싸다. 오직 밴쿠버에만 있는 '솔라리움'은 쉽게 베란다라고 생각하면 된다. 전면이 통유리로 되어 있는데 바닥은 거실 바닥 같은 느낌이라 충분히 방처럼 쓸 수 있다. 창이 없는 덴과 정반대라고 생각하면 되는데 토론토는 겨울이 매우 춥고 길기 때문에 이런 게 전혀 없다. 벤쿠버에서 2배드룸 콘도에서 6명이 사는 경우를 봤다. 화장실이 있는 마스터 배드룸에서 2명, 세컨룸 1명, 거실 1명, 덴 1명, 솔라 1명. 비싼 방값을 해결하려면 이렇게 모여서 함께 살 수밖에 없다.

룸 렌트는 한국 커뮤니티 사이트나 현지 사이트에서 찾으면 되는데, 한국인 사이트는 토론토의 경우 다음 〈캐스모〉, 밴쿠버의 경우 〈우벤유〉에서 관련 글을 찾아본 후 연락하면 되고, 현지 사이트는 Kijiji나 Craigslist를 보고 연락하면 된다. 현지 사이트가 한국 사이트에 비해 매물이 더 많고 방 값도 싼 편이지만 방 상태가 낡거나 더러운 경우도 많고, 이상한 집주인이나 룸메이트를 만날 확률도 크며, 무엇보다도 사기를 당하는 경우도 종종 발생하니 각별한 주의가 필요하다. 물론 사기는 한국인들 사이에서도 일어나므로 언제나 조심하자.

이외에도 학교의 기숙사에서 지내는 방법이나 현지 부동산 중개인을 통해 직접 집을 사거나 전체 유닛을 계약하는 경우도 있다.

유학, 얼마나 쓰고 모았나

워킹홀리데이 비자와 300만 원을 손에 쥐고(한국에서 모두 환전하고 왔기 때문에 말 그대로 손에 쥐고 옴) 캐나다에 처음 왔다. 1년 후 비자가 끝났을 땐 내 통장에 캐나다 돈으로 만불이 조금 넘는 금액과 세금 환급으로 받은 천불이 조금 넘는 돈이 있었다. 컬리지에 진학하기 전 한국으로 돌아가 그전에 일하며 모아놓은 3천만 원을 아빠에게 주고, 이후 컬리지 학비를 아빠의 신용카드로 결제했다. 다행히 그 당시 환율 덕분에 4학기 학비가 한화로 총 2천5-6백만 원 정도였다.

학교를 다닐 땐, 주 20시간 한국인 사장님이 운영하시는 일본 라멘집에서 서빙 일을 하며 생활비를 벌었다. 조금 경력이 쌓이자 바쁜 주말에 혼자서 일을 할 수 있었고 덕분에 매주 $200불이 조금 안 되는 금액의 팁을 받았다. 학교를 다니다 보니 크게 돈 쓸 일이 없어 이 돈으로 생활비를 쓰고 2주에 한번 받는 체크(2주 치 주급)로 그 외 방값과 핸드폰비, 한 달 무제한 교통카드 값을 냈다. 이 당시 워홀 생활 동안 모아 놓은 만불, 즉 천만 원은 항상 통장에 있었다. 통장 잔고가 어느 정도 유지되는 것이 불안하지 않고 나 스스로를 '가난한 유학생'으로 생각하지 않게 해 주었다.

캐나다의 정규 학기 시작은 9월이지만 대부분의 학과의 경우 1월에도 입학을 할 수가 있는데, 이 경우에는 여름방학(5월-8월) 동안 쉬는 게 아니라 2학기를 듣게 된다. 그리고 다시 9월에 3학기를 듣고 1월에 4학기를 들으면 정확히 1년 4개월 만에 2년짜리 과정을 마칠 수 있는 것이다. 만약 나처럼 1월에 시작하는 경우가 아니더라도 여름방학에는 주 40시간 일할 수 있기 때문에 이 시기에 모은 돈으로 다음 학기 생활비를 하는 학생들도 많다. 여행을 워낙 좋아하기도 하고 열심히 사는 나 자신에게 선물을 줄 겸, 스트레스도 풀 겸 매 학기 사이에 마이애미, 서유럽, 칸쿤으로 휴가를 떠났다. 이 당시 나와 친하지 않은 친구들은 내가 부모님 돈으로 편하게 유학 와서 놀러 다닌다며 부러워하기까지 했다.

학교 졸업 후에 라멘집 사장님의 추천으로 바로 유학원에서 일하게 되면서 경제적인 부분뿐만 아니라 영주권 고민까지 해결되었다. 하지만 월급은 최저시급을 조금 넘는 액수였으므로 팁이 있는 서빙 일을 하는 것보다는 적은 금액을 받아 생각보다 돈을 많이 모으지는 못했다. 이후 두 번의 미국 여행과 두 번의 한국행으로 인해 일을 하는데도 불구하고 더욱 돈을 모으지 못했다.

학비로 2천5백만 원 정도를 썼지만 컬리지 시작 전, 캐나다에서 천만 원을 모았으니 엄밀히 따지면 천 5백만 원 정도를 투자한 셈이다. 지금 생각해 보면 고민할 필요도 없이 당연한 선택이었는데 그때 당시는 한국에서 힘들게 모은 돈을 쓰는 거 자체가 엄청난 결단력이 필요한 일이었다. 게다가 특별한 기술을 배우는 것이 아닌 비즈니스 전공을 결정한 유학생으로서 졸업 후 취업과 영주권 또한 장담할 수가 없는 부분이었기에 더욱 망설였었다.

어학원이 아닌 컬리지를 다니는 경우에만 학기 중엔 주 20시간, 방학중엔 주 40시간의 아르바이트를 할 수 있다.

캐나다 은행은 통장이 없어 홈페이지나 어플을 이용해 로그인을 한 후 내역을 확인하거나 은행에 가서 내역서를 뽑아 달라고 해야 한다. 계좌는 체킹(Chequing)과 세이빙(Saving)으로 나뉘는데 체킹 어카운트는 핸드폰 요금제처럼 매달 정해진 사용 횟수에 따른 계좌 유지비가 있고, 일정 잔액 이상 보유할 경우 이 유지비가 면제된다. 이자는 아주 적거나 없으며 이 계좌에 있는 돈을 쓸 수 있게끔 우리나라로 치면 체크카드에 해당하는 데빗카드(Debit Card)가 있다. 반면 세이빙 계좌는 약간의 이자가 있지만 데빗카드를 이용해 세이빙 계좌에서 금액을 지불할 경우 수수료가 있을 수 있다.

목돈을 넣어둘 경우에는 이런 일반 세이빙 계좌보다 TFSA(Tax-Free Savings Account)라고 하는 계좌가 더 이득인데, 이자에 대한 세금이 없으나 18세 이상만 가입할 수 있고 매년 넣을 수 있는 금액이 정해져 있다. 'GIC'란 Guaranteed Investment Certificate의 약자로 우리나라의 예금과 비슷한데 간혹 만기일 이전에 돈을 뺄 경우에 수수료를 내야 하는 경우도 있으니 가입 전 꼼꼼하게 확인해야 한다. 나는 최근에 콘도로 이사를 하면서 6개월치 방값을 요구하는 집주인 때문에 GIC를 깨야 했는데 은행에서 안 된다고 하는 바람에 크게 당황했다. 다행히 직업이 없어서 이 돈을 써야 한다 하니까 이자는 한 푼도 못 받고 원금만 돌려받을 수 있었다.

매년 1월이 되면 회사에서 직원들에게 T4라고 하는 서류를 법적으로 나누어 주게 되어있다. 이 서류를 가지고 4월까지 세금 환급(Tax Return)을 신고하면 되는데 지출은 렌트, 교통비, 학비를 신고할 수 있다. 수입과 지출에 따라 액수는 제각각이며 신청하고 얼마 후에 일시불로 들어오는 환급과 일 년에 여러 차례 나뉘어 들어오는 환급이 있다. 보통 본인 은행 계좌로 입금되거나 집 주소로 체크가 배달된다.

영주권 취득하기(그리고 시민권)

앞서 컬리지를 졸업하면 받을 수 있는 PGWP 비자와 함께 캐나다 영주권을 취득하는 방법에 대해 간단하게 설명한 바 있다. 영주권을 취득하기 위해서 무조건 캐나다 학교를 다녀야 하는 것은 아니지만 졸업을 하게 되면 훨씬 유리하기 때문에 많은 사람들이 유학을 통한 이민을 결정한다. 유학이 아닌 이민 방법으로는 결혼이나 동거를 통한 캐나다인의 지원, 그 외국인을 꼭 고용해야만 하는 이유를 증명할 수 있는 회사의 지원, 난민신청 등이 있다.

캐나다 연방 정부가 아닌 각 주(Province)를 통해 영주권을 취득할 수도 있는데, 이를 Provincial Nominee Program 줄여서 PNP라고 부른다. 주마다 지원하는 영주권의 조건이 다양하므로 이민을 원할 경우에 잘 알아보고 결정해야 하는데 예를 들어 토론토가 있는 온타리오(Ontario) 주나 밴쿠버가 있는 BC(British Columbia) 주의 경우 이미 거주하는 사람이 많기 때문에 굳이 다른 주처럼 비교적 쉬운 조건으로 영주권을 주지는 않는다. 또한 퀘벡주의 경우에는 연방 정부 이민과는 다른 퀘벡주만의 이민법이 있고 불어를 해야 하는 등 조건이 조금 다르다.

연방 정부를 통한 이민인 Express Entry는 3개 분야로 나뉘는데 Federal Skilled Worker Program, Federal Skilled Trades Program, Canadian Experience Class가 그것이며 나를 포함한 많은 유학생들의 경우 Canadian Experience Class, 줄여서 CEC로 영주권을 신청한다. 캐나다 이민국 홈페이지인 CIC(Citizenship and Immigration Canada)에서 캐나다 비자를 신청하는 것과 마찬가지로 신청하면 되는데 이민 정책은 매년 바뀌고, 이민법 또한 복잡하기 때문에 전문가와 상담하는 것이 좋다.

워킹홀리데이 비자를 신청하는 것처럼 CIC 홈페이지에 가입을 하고 Express Entry 프로필을 연다. 학력, 경력, 나이, 영어점수 등에 따라 본인의 점수가 계산되고, 이민국에서 정해진 인원을 뽑을 때마다 그 인원에 따른 최저점수가 발표가 된다. 만약 본인의 점수가 이 최저 점수보다 높으면 Invitation을 받게 되고 이후 본인의 프로필을 증명하는 각종 서류들을 홈페이지에 업로드해야 한다. Express Entry 경우 평균적으로 6개월 정도가 소요되는데 이 과정에서 추가 서류요청이 올 수도 있고 영주권이 거절될 수도 있다. 이후 이메일로 Passport Request를 받으면 이민국에 여권용 사진과 여권사진(혹은 여권 원본, 나라마다 다른데 우리나라 국적자는 사진만 보내도 됨)을 보내야 한다. 2주 정도 후에 영주권 최종 확인 서류인 COPR(Confirmation of Permanent Residence)이 나오면 그 서류를 가지고 국경에 가서 랜딩을 하면 되고(캐나다 밖에서 신청했을 경우 캐나다로 입국하면 됨), 그날부터 영주권자가 된다. 카드는 며칠 후 집으로 배달된다. 만약 퀘벡주 이민이 아닌 경우 퀘벡에서 랜딩을 불가하지만 랜딩을 한 후, 즉 영주권자가 된 후 퀘벡에서 사는 것은 가능하다.

영주권은 캐나다 국민이 되어 캐나다 여권을 받는 것이 아니라 비자나 어떠한 제약 없이 캐나다에서 살 수 있는 것을 의미하며 영주권 카드 기한은 5년이다. 이 중 최소 2년을 캐나다에서 살았을 경우에만 5년 후, 영주권을 갱신할 수 있다. 무상 의료 보험, 연금, 부동산 매매 등 시민권과 혜택(?)은 거의 비슷하지만 선거권이 없어 투표를 하거나 정치 선거 활동을 할 수 없으며 범죄를 저질렀을 경우 추방될 수 있다.

영주권자로서 5년 중 3년 이상을 캐나다에서 살았을 경우 시민권을 신청할 수 있는데(만약 영주권 취득 전 합법적으로 캐나다에서 살았다면 이틀이 하루로 인정되며 최대 365일까지 인정해 주므로 영주권 취득 후 2년이 지나면 시민권 신청 가능), 신청 당시 나이가 18세에서 54세 사이라면 두 개의 시험을 치러야 한다.

Citizenship Test는 캐나다의 역사, 지리, 경제, 정부, 법과 관련된 내용으로 20개 문항 중 15개 이상을 맞춰야 하며 Language Test는 영어 혹은 불어로 말하기와 듣기 시험을 본 후 레벨 4 이상을 받아야 하는데 캐나다에서 컬리지나 유니버시티를 졸업한 경우엔 졸업장으로 대체 가능하다. 캐나다의 경우 이중국적을 허용하지만 우리나라는 허용하지 않으므로 이 경우 대한민국에 국적상실신고를 해야 한다.

나의 캐나다 영주권 이야기

절대 잊지 못할 그날에 나는 홍콩을 경유하고 기내식을 총 3번 먹은 후에 캐나다 토론토에 도착했다. 그리고 그로부터 5년 4개월이 흐른 후, 캐나다 영주권이 최종 승인 되었다. 아무 이유 없이 계속 지연됐던 탓에(더군다나 러시아 여행 중에 여권과 워크퍼밋을 잃어버렸다) 인천 공항 가는 길에 코피까지 터질 정도로 스트레스를 많이 받았다. 결국은 무사히 잘 나왔으니 나의 취득 방법과 타임라인을 정리해 본다.

01 영주권 신청 방법과 과정

앞서 말했듯이 캐나다 영주권을 신청하는 데는 다양한 방법이 있는데, 요즘에 많이 하는 방법으로는 결혼이나 동거를 통한 이민이나 본인의 학력과 경력으로 신청하는 이민인 것 같다. 이때 경력은 National Occupational Classification, 줄여서 NOC라고 하는 직업 분류 시스템에서 0, A, B 군에 속한 직업만이 영주권을 신청할 수 있는 경력으로 인정된다. 캐나다에서 컬리지를 졸업 후 이 직업군에 속하는 Administrative Assistant로 일을 한 나는 Express Entry - Canadian Experience Class 로 신청을 했다.

우선 이민국 홈페이지에서 본인의 계정을 만들고 Express Entry 지원 자격이 되는지를 체크한 후에 본인의 나이, 학력, 경력, 언어(영어 또는 불어) 점수를 토대로 점수

(Comprehensive Ranking System)가 계산되는데 본인의 점수가 이민국에서 발표하는 점수보다 높은 경우에 Invitation을 받게 된다. 이후 필요한 서류를 오타와에 제출하게 되면 평균적으로 6개월 후에 여권 사진 요청을 받게 된다. ETA 승인 국가인 대한민국의 국민은 실제 여권이 아닌 여권 사본만 제출해도 되며 2장의 여권 사진을 함께 제출한다. 이후 다시 약 2주 후에 최종 승인(Final Approve)과 함께 편지(Confirmation of Permanent Residence)가 집으로 배송된다.

그럼 다시 이 편지를 가지고 국경이나 오피스를 방문하면, 그 날짜부터 영주권자가 되는 것이다. 영주권 카드는 이후 2-3주 후에 집으로 배송되며 5년 유효기간이다.

02 Comprehensive Ranking System(CRS)

나이 : 나이 점수는 배우자나 파트너가 있을 경우 100점, 혼자면 110점 만점으로 20대의 경우 만점을 받을 수 있고 이후 한 살마다 5점씩 깎이게 된다. 따라서 만 45세 이상은 0점이다.

교육 : 교육은 배우자나 파트너가 있을 경우 140점, 혼자면 150점 만점이며 박사 학위가 있는 경우가 이에 해당한다. 나의 경우에는 2년 Diploma였기 때문에 98점 밖에 되지 않았다.

언어 : 언어의 경우 본인의 선택에 따라 영어나 불어 시험을 보면 되고(혹은 둘 다), 배우자나 파트너가 있을 경우 150점, 혼자면 160점 만점이다. 영어의 경우 아이엘츠(IELTS) - General이나 캐나다에서 만든 영어 시험인 CELPIP 중에 본인에게 더 맞는 시험을 선택해서 보면 된다. Reading, writing, speaking and listening의 모든 점수를 반영하여 Canadian Language Benchmark로 환산되고, 이 CLB가 4 이상이어야 점수가 있다. 아이엘츠의 경우 영국식(가끔은 호주, 뉴질랜드, 미국, 심지어 인도나 일본식) 영어이고, 셀핍의 경우는 캐나다식 영어다.

동반자 : 배우자나 파트너의 교육, 학력, 경력 점수(최대 40점) 또한 합쳐져서 계산된다.(같이 이민하는 경우)

경력 : NOC에서 0, A 혹은 B군에 속한 직업으로 최소 1년 이상이어야 하며 배우자나 파트너가 있을 경우 70점, 혼자면 80점 만점이다. NOC 직업군은 아래 링크에서 확인 가능하다.

www.canada.ca/en/immigration-refugees-citizenship/services/immigrate-canada/express-entry/eligibility/find-national-occupation-code.html

추가 점수 : 형제, 자매가 캐나다 영주권자 이상이거나 캐나다에서 학교를 졸업했거나 불어점수가 CLB7 이상인데 영어 점수 또한 4나 5 이상일 경우 등의 추가점수 항목이 있다. 본인

의 CRS 점수는 직접 계산할 필요 없이 이민국 홈페이지에서 각 항목에 대답만 체크하면 자동으로 점수를 확인할 수 있다.

www.cic.gc.ca/english/immigrate/skilled/crs-tool.asp

03 나의 영주권 타임라인

4월 21일 아이엘츠 시험

7월 27일 이민국 홈페이지(CIC)에서 프로필 생성(CRS 453점)

8월 8일 영주권 신청 Invitation 받음(최저 CRS 440점 / 총 3,750명)

8월 23일 서류 접수 완료

다음 해 6월 21일 여권사진 요청 받음

7월 16일 오타와로 여권 사진 발송

7월 18일 오타와 수신 확인

7월 30일 Final Decision(최종 승인)

7월 31일 CoPR 발송 확인

9월 25일 국경에서 영주권 취득

2천만 원으로
끝내는
캐나다 유학

초판 1쇄 2024년 3월 25일
지 은 이 그래이스 리
펴 낸 곳 하모니북

출판등록 2018년 5월 2일 제 2018-0000-68호
이 메 일 harmony.book1@gmail.com
홈페이지 harmonybook.imweb.me
인스타그램 instagram.com/harmony_book_
전화번호 02-2671-5663
팩 스 02-2671-5662

979-11-6747-164-2 13980

책값은 뒤표지에 있습니다.

이 도서의 국립중앙도서관 출판예정도서목록(CIP)은 서지정보유통지원시스템 홈페이지(http://seoji.nl.go.kr)와 국가자료공동목록시스템(http://www.nl.go.kr/kolisnet)에서 이용하실 수 있습니다.